科学是永无止境的，它是一个永恒之谜。

—— 爱因斯坦

"中国制造2025"
出版工程

"十三五"国家重点出版物
出版规划项目

"中国制造2025"
出版工程

服务机器人系统设计

陈万米　主编

化学工业出版社

·北　京·

本书基于服务机器人的发展现状和技术要点，系统讲述了服务机器人系统设计的关键技术。主要内容包括：机器人的产生与发展、服务机器人的移动机构、服务机器人的机械臂、服务机器人的驱动与控制、服务机器人的运动分析、服务机器人的路径规划、服务机器人的感知、服务机器人的操作系统、服务机器人未来展望。

本书注重理论与实践的结合，在讲解服务机器人系统设计关键技术的基础上，通过实例解析对理论知识进行应用性讲解，增强了本书的可读性与实用性。

本书可为从事机器人研究和应用工作的技术人员提供帮助，也适合高等院校相关专业师生学习参考。

图书在版编目（CIP）数据

服务机器人系统设计/陈万米主编. —北京：化学工业出版社，2018.11

"中国制造 2025"出版工程

ISBN 978-7-122-32995-0

Ⅰ.①服… Ⅱ.①陈… Ⅲ.①服务用机器人-系统设计 Ⅳ.①TP242.3

中国版本图书馆 CIP 数据核字（2018）第 208549 号

责任编辑：贾 娜	文字编辑：陈 喆
责任校对：边 涛	装帧设计：史利平

出版发行：化学工业出版社（北京市东城区青年湖南街 13 号 邮政编码 100011）
印 装：三河市延风印装有限公司
710mm×1000mm 1/16 印张 14 字数 258 千字 2019 年 7 月北京第 1 版第 1 次印刷

购书咨询：010-64518888 售后服务：010-64518899
网 址：http://www.cip.com.cn
凡购买本书，如有缺损质量问题，本社销售中心负责调换。

定 价：69.00 元

序

制造业是国民经济的主体，是立国之本、兴国之器、强国之基。近十年来，我国制造业持续快速发展，综合实力不断增强，国际地位得到大幅提升，已成为世界制造业规模最大的国家。但我国仍处于工业化进程中，大而不强的问题突出，与先进国家相比还有较大差距。为解决制造业大而不强、自主创新能力弱、关键核心技术与高端装备对外依存度高等制约我国发展的问题，国务院于 2015 年 5 月 8 日发布了"中国制造 2025"国家规划。随后，工信部发布了"中国制造 2025"规划，提出了我国制造业"三步走"的强国发展战略及 2025 年的奋斗目标、指导方针和战略路线，制定了九大战略任务、十大重点发展领域。2016 年 8 月 19 日，工信部、国家发展改革委、科技部、财政部四部委联合发布了"中国制造 2025"制造业创新中心、工业强基、绿色制造、智能制造和高端装备创新五大工程实施指南。

为了响应党中央、国务院做出的建设制造强国的重大战略部署，各地政府、企业、科研部门都在进行积极的探索和部署。加快推动新一代信息技术与制造技术融合发展，推动我国制造模式从"中国制造"向"中国智造"转变，加快实现我国制造业由大变强，正成为我们新的历史使命。当前，信息革命进程持续快速演进，物联网、云计算、大数据、人工智能等技术广泛渗透于经济社会各个领域，信息经济繁荣程度成为国家实力的重要标志。增材制造（3D 打印）、机器人与智能制造、控制和信息技术、人工智能等领域技术不断取得重大突破，推动传统工业体系分化变革，并将重塑制造业国际分工格局。制造技术与互联网等信息技术融合发展，成为新一轮科技革命和产业变革的重大趋势和主要特征。在这种中国制造业大发展、大变革背景之下，化学工业出版社主动顺应技术和产业发展趋势，组织出版《"中国制造 2025"出版工程》丛书可谓勇于引领、恰逢其时。

《"中国制造 2025"出版工程》丛书是紧紧围绕国务院发布的实施制造强国战略的第一个十年的行动纲领——"中国制造 2025"的一套高水平、原创性强的学术专著。丛书立足智能制造及装备、控制及信息技术两大领域，涵盖了物联网、大数据、3D打印、机器人、智能装备、工业网络安全、知识自动化、人工智能等一系列的核心技术。丛书的选题策划紧密结合"中国制造2025"规划及11个配套实施指南、行动计划或专项规划，每个分册针对各个领域的一些核心技术组织内容，集中体现了国内制造业领域的技术发展成果，旨在加强先进技术的研发、推广和应用，为"中国制造2025"行动纲领的落地生根提供了有针对性的方向引导和系统性的技术参考。

这套书集中体现以下几大特点：

首先，丛书内容都力求原创，以网络化、智能化技术为核心，汇集了许多前沿科技，反映了国内外最新的一些技术成果，尤其使国内的相关原创性科技成果得到了体现。这些图书中，包含了获得国家与省部级诸多科技奖励的许多新技术，因此，图书的出版对新技术的推广应用很有帮助！这些内容不仅为技术人员解决实际问题，也为研究提供新方向、拓展新思路。

其次，丛书各分册在介绍相应专业领域的新技术、新理论和新方法的同时，优先介绍有应用前景的新技术及其推广应用的范例，以促进优秀科研成果向产业的转化。

丛书由我国控制工程专家孙优贤院士牵头并担任编委会主任，吴澄、王天然、郑南宁等多位院士参与策划组织工作，众多长江学者、杰青、优青等中青年学者参与具体的编写工作，具有较高的学术水平与编写质量。

相信本套丛书的出版对推动"中国制造2025"国家重要战略规划的实施具有积极的意义，可以有效促进我国智能制造技术的研发和创新，推动装备制造业的技术转型和升级，提高产品的设计能力和技术水平，从而多角度地提升中国制造业的核心竞争力。

中国工程院院士 潘垣

前言

    不知不觉间，出现了很多既熟悉又陌生的新型装备，如进入到家庭环境的自动扫地机，陪伴老年人与小孩的陪护机器，为病人送药送饭的护士助手，为病人实施多种复杂手术的辅助机器，提供实时自适应导航的智能轮椅，给高楼提供清洁辅助的清洁机器，能帮助人类探索外太空、探索海底的机器，以及带有智能的灭火消防炮等。以上各类带有智能的机器都可以称为服务机器人，也就是说，除了工业机器人之外的通过半自主或完全自主运作，为人类的健康或设备的良好状态提供服务的机器人。

    从人类社会的发展过程可揭示出机器人发展的规律，即工业机器人发展到一定的阶段，爆发式地出现服务机器人。由于服务机器人的应用场合多（除工业以外的应用场合），其种类或样式多种多样，形成百花齐放的格局，除上面提到的清洁机器人、陪护机器人、助老机器人、手术机器人、助残机器人之外，还包括各种娱乐机器人、舞蹈机器人、导游机器人、导购机器人、安保机器人、排险机器人、消防机器人、体育机器人、秘书机器人、建筑机器人、玩具机器人、分拣机器人以及加油机器人、农业机器人等。

    服务机器人的主要技术包括，为满足不同应用场合的机械、材料、本体结构、执行单元、驱动电路与运动控制系统；带有智能的环境感知传感器和信号处理方法；包括模糊控制、神经网络、进化计算等的智能控制方法；具有机器人自定位与导航功能的 SLAM 技术；在工作空间中能找到一条从起始状态到目标状态、可以避开障碍物的路径规划方法以及智能机器人的操作系统等。

    本书较为系统地讲述了服务机器人技术的相关理论与制作实例，对机器人的机械系统、执行单元、传感器、驱动与控制机构等分章节叙述，同时对机器人的坐标变换、运动分析、路径规划以及机器人的操作系统也做了讲解。

    本书理论介绍与制作实例相辅相成，体现了理论与实践相结合的特色。根据机器人操作系统的特殊情况，介绍了 ROS 系统，使服务机器人技术的内容更加全面，争取给国内更多的服务机器人从业人员与服务机器人爱好者提供帮助。

    本书共分 9 章。

    第 1 章阐述了机器人的产生与发展，服务机器人的定义、结构与分类、服务机器人技术的主要内容等；

    第 2 章叙述了服务机器人的移动机构，包括单轮、两轮差动、全向轮式、履带

式、足式等移动机构以及部分移动机构的设计举例;

第3章叙述了服务机器人的机械臂(四自由度与六自由度的机械臂),二指、三指、五指机械手,其他执行单元(如腕部等);

第4章叙述了服务机器人的驱动与控制,包括服务机器人中广泛使用的直流电机的 PWM 驱动原理与电路实现、服务机器人的 PID 参数的整定与智能控制等;

第5章叙述了服务机器人的运动分析,包括服务机器人的位置运动学、微分运动与动力学分析、服务机器人的正逆运动学问题及轨迹规划实例等;

第6章叙述了服务机器人的路径规划(包括离线规划与在线规划),智能规划(包括人工势场法、A*算法、遗传算法以及优化算法等);

第7章叙述了服务机器人的感知,包括机器人的内部感知单元、外部感知单元和特殊感知单元,服务机器人的信息处理方法,重点叙述了机器视觉的组成、工作原理与应用;

第8章介绍了服务机器人的操作系统 ROS,包括 ROS 的基本概念、系统架构、系统工具,以及 ROS 在移动底座、导航与路径规划、语音识别、机器视觉等方面的应用实例;

第9章对服务机器人以及相关技术的发展进行了展望。

本书由上海大学机电工程与自动化学院高级工程师、上海大学大学生科技创新实验中心负责人、中国自动化学会机器人竞赛工作委员会副主任陈万米主编,毛登辉、叶立俊、任明宇、刘振、鲁晨奇、汪洋参与了编写。 其中,陈万米编写第 1、2、9 章,毛登辉编写第 3 章,叶立俊编写第 4 章,任明宇编写第 5 章,刘振编写第 6 章,鲁晨奇编写第 7 章,汪洋编写第 8 章。

本书的编写工作得到了上海大学领导和机电工程与自动化学院相关领导的大力支持,在此表示衷心的感谢! 特别感谢上海大学费敏锐教授、王小静教授等在本书成稿过程中给予的帮助。

服务机器人技术内容十分广泛,涉及诸多学科领域。 由于作者的水平所限、经验不足,书中不足之处在所难免,敬请读者批评指正。

陈万米

目录

56　第4章　服务机器人的驱动与控制

80　第5章　服务机器人的运动分析

中国制造2025

第1章

绪论

1.1 机器人的定义、应用与发展

机器人，英文名 Robot，如今已是家喻户晓，远到美国 NASA 的火星车，近到家庭用的吸尘器 iRobot，以及汽车生产厂家的工业机器人、能进入人类血管探测的血管机器人，可以说机器人正在向社会各领域蔓延，人类与机器人之间的交流越来越频繁，频繁到有时候人们甚至都没有意识到，人机关系也在急速进化中。

那么，什么是机器人呢？

美国机器协会（RIA）对机器人的定义：机器人是一种用于移动各种材料、零件、工具或专用装置的、通过程序动作来执行各种任务，并具有编程能力的多功能操作机。

美国国家标准局（NBS）对机器人的定义：机器人是一种能够进行编程并在自动控制下执行某种操作和移动作业任务的机械装备。

日本工业机器人协会对机器人的定义：一种装备有记忆装置和末端执行装置的能够完成各种移动作业来代替人类劳动的通用机器。

国际标准化组织（ISO）对机器人的定义：机器人是一种自动的、位置可控的、具有编程能力的多功能操作机。这种操作机具有几个轴，能够借助可编程操作来处理各种材料、零件、工具和专用装置，以执行各种任务。

我国对机器人的定义：机器人是一种自动化的机器，所不同的是这种机器具备一些与人或生物相似的智能能力，如感知能力、规划能力、动作能力和协同能力，是一种具有高度灵活性的自动化机器[1]。

1.1.1 机器人的应用

机器人不是自古就有的。机器人的出现及高速发展是社会和经济发展的必然，是为了提高社会的生产水平和人类的生活质量，让机器人替人们干那些人类干不了、干不好的工作。

自机器人诞生以来，其增长率逐年提高。1980 年，号称"机器人王国"的日本开始比较多地使用机器人，因此，那一年被称为"机器人普及元年"。有人断言，21 世纪将是机器人世纪。为什么要大力发展机器人呢？人类在发明了蒸汽机、电动机，制造了包括机床、汽车在内的各种机器以后，大大减轻了人类的体力劳动；同时，人类又发明了计算机，特别是目前已在开发的可以处理知识、进行推理和学习的第五代计算机，可以在很大程度上代替人的脑力劳动。将机器和计算机相结合生产出来的机器人，可以代替人类进行各种各样的劳动，甚至可以做许多单纯依靠人力所做不到的事情。

目前，世界上有数百万台工业机器人在各种工业部门工作着，从事着从生产大规模集成电路超净车间中的精细加工，到有害环境中的喷漆操作，以及重型机器制造中的笨重搬运工作等各种各样的作业。现在，工业机器人队伍还在迅速扩大。近年来，随着计算机、机器人、数控加工中心、无人驾驶搬运车等新技术的发展，工厂无人化的设想将逐步得以实现。在这一进程中，机器人将发挥越来越大的作用。

当前，机器人技术不断发展，人们的要求越来越高，不仅要求机器人能在一般环境下工作，还要求机器人在人类难以生存的极限环境，如高温、强辐射、高真空、深海等环境下作业。这类极限作业机器人，由于工作条件很差，所以必须具有适应环境变化的能力，这就要求机器人具有一定的智能。

机器人的智能，可以分为两个层次：第一步，像人那样具有感觉、识别、理解和判断的功能；第二步，能够像人那样具有总结经验和学习的能力。目前，具有初步智能的机器人已经开始被广泛应用。在工业机器人中，具有初步智能水平的机器人已经占 20％左右，而且这一比例还在不断提高。至于具有学习能力等高级智能水平的机器人，目前尚处于试验研制阶段。如今，机器人已被广泛应用于服务业、采矿业、建筑业、农业、林业及医疗等方面。在家庭中，服务机器人是顺从的"仆人"，不仅会做饭、洗衣、打扫卫生，还会接待客人，陪伴儿童做游戏，照顾病人，帮助病人翻身、洗澡，干得可出色了。在军事方面，机器人已经活跃在陆地战场上，而且"兵种齐全"，反坦克机器人、防化机器人、火炮机器人都曾大显身手。哨兵机器人装备有机关枪、掷弹筒，还有多种先进的传感器，在军事基地、机场周围或某一战区进行巡逻放哨，屡立奇功，而且不用换岗。排雷、布雷的工作既繁重又危险，让机器人来承担就不必担心人身的安全了。布雷机器人能按指挥官的指令，冒着枪林弹雨去挖坑、计算埋雷的密度、给地雷装引信、打开保险、埋雷，还能自动设置雷场及绘制布雷位置图等，真是"智勇双全"。有人说，21世纪的战争，不仅会有刀枪不入的"钢铁士兵"去冲锋陷阵，而且还将出现具有人工智能的无人驾驶坦克、飞机、舰艇等各种武器。到那时，军用机器人将成为一支不容忽视的"军事力量"。

如今，机器人被誉为"制造业皇冠顶端的明珠"，发展机器人产业对提高创新能力、增强国家综合实力、带动整体经济发展都具有十分重要的意义。世界主要大国都将机器人的研究与应用摆在本国科技发展的重要战略地位。2011 年，美国推出国家机器人计划（National Robotics Initiative，NRI）；2012 年，韩国发布"机器人未来战略 2022"；2014 年，欧盟启动"SPARC 计划"；2015 年日本发布"机器人新战略"（Japan's Robot Strategy）。纵观这些国家的发展战略，机器人技术及应用已成为塑造创新发展新优势的"必争之地"。

2015 年 5 月，我国发布"中国制造 2025"战略纲要，机器人技术创新和产业发展都是重要内容。2016 年 4 月，我国发布了机器人产业发展规划（2016—2020 年），对机器人的重点发展领域作出总体部署，推进我国机器人产业快速健康可持续发展。

1.1.2　机器人的发展

（1）古代机器人

据战国时期记述官营手工业的《考工记》中一则寓言记载，中国的偃师（古代一种职业）用动物皮、木头、树脂制出了能歌善舞的伶人，不仅外貌完全像一个真人，而且还有思想感情，甚至有了情欲。这虽然是寓言中的幻想，但其利用了当时的科技成果，也是中国最早记载的木头机器人的雏形，体现了中国人民具有高度的科学幻想力和设计加工能力。

东汉时的大科学家张衡发明的指南车（又称司南车）可以说是世界上最早的机器人。张衡还发明了一种叫作"记里鼓车"的机器人，它能为人们报告所走的里程，车每行驶一里，车上的小人就击一下鼓，每行十里，它就敲一下钟，无需人手工测量计程。

三国时，又出现了能替人搬东西的机器人。它是由蜀汉丞相诸葛亮发明的"木牛流马"，是一种能替代人运输粮草的机器，即使在羊肠小道上也能行走如飞。

国外有关机器人的记载可以追溯到古希腊，据荷马史诗《伊利亚特》记载，火神兼匠神赫淮斯托斯（Hephaistus）创造出了一组金制机械助手。他的这些机械助手身体强健，可以说话，且非常聪明。

我们熟知的还有"特洛伊木马"。古罗马时特洛伊人攻打罗马城，久攻不下，佯装逃窜。丢弃的木马被罗马人抬回城中，夜间伏兵由木马腹中爬出，开门溃敌，可谓欺骗型机器马。

公元 1768—1774 年，瑞士钟表匠德罗斯父子三人，设计制造出三个像真人一样大小的机器人——写字偶人、绘图偶人和弹风王琴偶人。它们是由凸轮控制和弹簧驱动的自动机器，至今还作为国宝保存在瑞士纳切特尔市艺术和历史博物馆内。

1893年，加拿大摩尔设计的能行走的机器人"安德罗丁"，是以蒸汽为动力的。

（2）早期机器人

早在1886年，法国作家利尔亚当在他的小说《未来夏娃》中将外表像人的机器起名为"安德罗丁"（Android），它由以下4部分组成。

① 生命系统（平衡、步行、发声、身体摆动、感觉、表情、调节运动等）。

② 造型解质（关节能自由运动的金属覆盖体，一种盔甲）。

③ 人造肌肉（在上述盔甲上有肉体、静脉、性别等身体的各种形态）。

④ 人造皮肤（含有肤色、机理、轮廓、头发、视觉、牙齿、手爪等）。

1920年捷克作家卡雷尔·卡佩克（Karel Capek）发表了科幻剧本《罗萨姆的万能机器人》，在剧本中，卡佩克把捷克语"Robota"写成了"Robot"，"Robota"是奴隶的意思。该剧预言了机器人的发展对人类社会的巨大影响，引起了大家的广泛关注，被当成了"机器人"一词的起源。在该剧中，机器人按照其主人的命令默默地工作，没有感觉和感情，以呆板的方式从事繁重的劳动。后来，罗萨姆公司取得了成功，使机器人具有了感情，使得机器人的应用领域迅速扩大。在工厂和家务劳动中，机器人成了必不可少的成员。

为了防止机器人伤害人类，科幻作家阿西莫夫于1940年提出了"机器人三原则"。

① 机器人不应伤害人类。

② 机器人应遵守人类的命令，与第一条相悖的命令除外。

③ 机器人应能保护自己，与第一条相抵触者除外。

这是赋予机器人的伦理性纲领，机器人学术界一直将"机器人三原则"作为机器人开发的准则。

1959年美国英格伯格（Joseph Engelberger）和德沃尔（George Devol）制造出世界上第一台工业机器人，如图1-1所示，机器人的历史才真正开始。随后，他们成立了世界上第一家机器人制造工厂——Unimation公司。由于英格伯格对工业机器人的研发和宣传的贡献，他被称为"工业机器人之父"[2]。

图 1-1 所示的世界上第一台工业机器人重达 2t，由写在磁鼓上的程序进行控制。该机器人采用液压执行器，并分别设定关节坐标系，即各关节的角度，存储示教/再现操作方式。控制精度为 1/10000in。

图 1-1　世界上第一台工业机器人

（3）现代机器人

20 世纪 70 年代，第二代机器人开始有了较大发展。第二代机器人为感觉型机器人，如有力觉、触觉和视觉等，具有了对某些外界信息进行反馈调整的能力，并投入应用，开始普及。1973 年，日本日立公司开发了用于混凝土桩和钢管业的机器人，这个机器人是第一个装有视觉传感器、可判断移动物体的工业机器人。当机器人判断出物体移动时，同步钢管上的螺栓紧固/松开等。

我国自 20 世纪 70 年代起开始研制工业机器人，中科院沈阳自动化所、上海交通大学、上海大学（前身为上海工业大学）等都投入了工业机器人的研究开发，取得了一定的成果。图 1-2 为上海大学于 1986 年研制成功的上海Ⅱ号工业机器人，现在仍存放在上海市延长路 149 号的上海大学机器人大楼内[3]。

（4）当代机器人

进入 21 世纪后，机器人被赋予了一定的智能，即第三代机器人是智能机器人。它们不仅具有感觉能力，而且还具有独立判断和行动的能力，并具有记忆、推理和决策的能力，因而能够完成更加复杂的动作。中央电脑

图 1-2　上海大学研制的上海Ⅱ号工业机器人

控制手臂和行走装置，使机器人的手完成作业，脚完成移动，机器人能够用自然语言与人对话。

魔方曾经给很多人带来了乐趣与挑战，现在，有人设计出解魔方的机器人，如图 1-3 所示，该机器人只要 18.2s 就可以把杂乱无章的魔方解出来。这款机器人可称得上智能，其带有眼睛（摄像头）、机械手，更重要的是还有"大脑"（快速判断并指挥机械手转动魔方）。

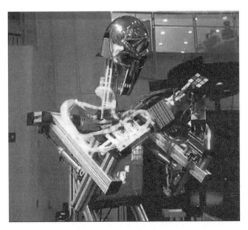

图 1-3　解魔方的机器人

1992年从麻省理工学院分离出来的波士顿动力公司（已被谷歌收至麾下）相继研发出能够直立行走的军事机器人 Atlas 以及四足全地形机器人"大狗""机器猫"等，令人叹为观止。如图 1-4 所示，它们是世界上第一批军事机器人，如今在阿富汗服役。

图 1-4　机器人"大狗"

Atlas 机器人身高 1.9m，拥有健全的四肢和躯干，配备 28 个液压关节，头部内置立体照相机和激光测距仪，输入空手道程序，此外，研究员们甚至编写了内置软件让 Atlas 可以开车。因此，Atlas 称得上是世界上最先进的机器人之一。

20 世纪中期，日本一直致力于研发人形机器人。最初，由于劳动力的不足，日本的机器人事业以工业机器人为主；后来由于人口老年化问题严重，则转向服务型和娱乐型机器人。1969 年，日本早稻田大学加藤一郎实验室研发出第一台以双脚走路的机器人。到了 1980 年，工业机器人真正在日本普及，其发展速度非其他国家可比拟。

1.2　服务机器人

除了工业机器人之外，服务机器人正逐步走上历史的舞台。

2000 年前后日本索尼公司推出了机器狗"爱宝"（AIBO），如图 1-5 所示；日本本田汽车公司研发了人形机器人阿西莫（ASIMO），如图 1-6 所示，后者能够以接近人类的姿态走路和奔跑。这些机器人拉开了服务机器人研究与应用的序幕。

图 1-5 "爱宝"机器人

图 1-6 机器人阿西莫（ASIMO）

服务机器人通过半自主或完全自主运作，为人类健康或设备的良好状态提供有帮助的服务，但不包含工业性操作。

根据这项定义，工业用操纵机器人如果被应用于非制造业，也被认为是服务机器人。服务机器人可能安装、也可能不安装机械手臂，工业机器人也是如此。通常（但并不总是），服务机器人是可移动的。某些情况下，服务机器人包含了一个可移动平台，上面附着一条或数条"手臂"，其操控模式与工业机器人相同。

如今机器人的应用面越来越宽。除了应对日常的生产和生活，科学家们还希望机器人能够胜任更多的工作，包括探测外太空。

2012 年，美国"发现号"成功将首台人形机器人送入国际空间站。这位机器宇航员被命名为"R2"，如图 1-7 所示。R2 活动范围接近于人类，并可以像宇航员一样执行一些比较危险的任务。

人工智能机器人向深度学习突破，如今耳熟能详的"人工智能""深度学习"事实上在过去的 30 年中便有了不少的研究。而随着大数据时代的到来，以数据为依托的深度学习技术才取得突破性的发展，比如语音识别、图像识别、人机交互等。人工智能机器人（见图 1-8）的典型代表有 IBM 的"沃森"、Pepper 等。在未来的机器人技术研究中，深度学习仍然是一个大趋势。

图 1-7 机器人"R2"

图 1-8 人工智能机器人

1.3 服务机器人的结构与分类

1.3.1 服务机器人的结构

服务机器人与工业机器人的结构有较大的差别,其本体包括可移动的机器人底盘、多自由度的关节式机械系统、按特定服务功能所需要的特殊机构。

一般包括:

① 驱动装置（能源，动力）；

② 减速器（将高速运动变为低速运动）；

③ 运动传动机构；

④ 关节部分机构（相当手臂，形成空间的多自由度运动）；

⑤ 把持机构、末端执行器、端拾器（相当手爪）；

⑥ 移动机构、走行机构（相当腿脚）；

⑦ 变位机等周边设备（配合机器人工作的辅助装置）。

（1）服务机器人感知系统

① 内部传感器——检测机器人自身状态（内部信息），如关节的运动状态。机器人自身运动与正常工作所必需。

② 外部传感器——感知外部世界，检测作业对象与作业环境的状态（外部信息），如视觉、听觉、触觉等。适应特定环境，完成特定任务所必需。

（2）服务机器人控制系统

① 驱动控制器——伺服控制器（单关节），控制各关节驱动电机。

② 运动控制器——规划、协调机器人各关节的运动，轨迹控制。

③ 作业控制器——环境检测，任务规划，确定所要进行的作业流程。

（3）服务机器人决策系统

通过感知和思维，规划和确定机器人的任务，而且应该具有学习能力。

机器人组成原理框图如图1-9所示。

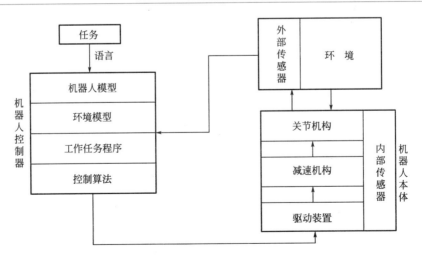

图 1-9 机器人组成原理框图

1.3.2 服务机器人的分类

我国的机器人专家从应用环境出发，将机器人分为两大类，即工业机器人和服务机器人。所谓工业机器人，就是面向工业非制造领域的多关节机械手或多自由度机器人。而服务机器人则是除工业机器人之外的、用于作业并服务于人类的各种先进机器人。目前，国际上的机器人学者，从应用环境出发将机器人也分为两类：制造环境下的工业机器人和非制造环境下的服务与仿人型机器人，这和我国的分类是一致的[4]。

国际上机器人的分类如图 1-10 所示。

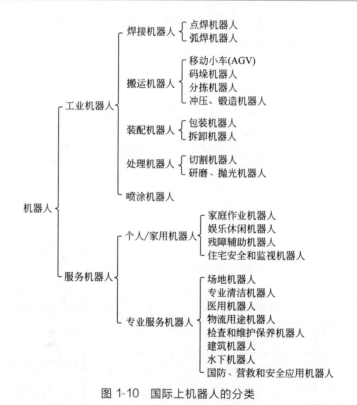

图 1-10　国际上机器人的分类

服务机器人基本可分为个人/家用服务机器人与专业服务机器人。

① 家庭作业机器人有扫地机器人，图 1-11 所示为扫地机器人，目前扫地机器人已经走进了寻常百姓家。其他家庭作业机器人还有割草机器人和泳池清洁机器人等。

图 1-11　扫地机器人

② 娱乐休闲机器人有玩具机器人、个人多媒体娱乐机器人（见图 1-12）、遥控机器人等。

图 1-12　娱乐休闲机器人

③ 残障辅助机器人主要为老年人、行动不便者服务的残障辅助机器人。如图 1-13 为行走辅助机器人 Welwalk WW-1000，主要用于帮助失去行动能力的老人或残障人士恢复步行能力。

Welwalk WW-1000 主要由监控器、走步机以及机械腿三部分组成。使用前，患者需要把机械腿固定在腿部并套上安全索，以确保不会摔伤。

住宅安全和监视机器人主要有安保机器人（见图 1-14）、监视机器人等。

④ 专业服务机器人中的场地服务机器人是指服务于特殊公共场合的机器人，如餐厅、仓库、展馆、营业厅等。在很多工作场景中，由于工作环境灵活多变、场景复杂，所以对机器人智能方面的要求就很高。场地服务机器人作为一种半自主或全自主的机器人，其工作核心是服务，可以完成制作、维护保养、修理、运输、清洗、保安、救援、监护等多

种有益于人类的服务工作。图 1-15 为餐厅机器人。

图 1-13 行走辅助机器人　　　　图 1-14 安保机器人

⑤ 专业清洁机器人指在工业生产过程中负责专业清洁，如凝汽器清洗机器人（图 1-16）使用高压水射流清洗技术，可以采用进入式和非进入式两种清洗方式。对于结垢强度较高的凝汽器，采用进入式清洗，喷头直接进入管道内部进行清洗，提高清洁度；对于普通泥沙类松软结垢，采用非进入式清洗，喷头在管端喷射大流量水进行清洗，提高效率，同样满足清洗要求。

图 1-15 餐厅机器人　　　　图 1-16 凝汽器清洗机器人

⑥ 医用机器人是指用于医院、诊所的医疗或辅助医疗的机器人。它是一种智能型服务机器人，能独自编制操作计划，依据实际情况确定动作程序，然后把动作变为操作机构的运动。医用机器人种类很多，按照其用途不同，可分为多种类型，有临床医疗用机器人、护理机器人、医用教学机器人和为残疾人服务机器人等[5]。

运送药品机器人可代替护士送饭、送病例和化验单等，较为著名的有美国 TRC 公司的 Help Mate 机器人。

移动病人机器人主要帮助护士移动或运送瘫痪和行动不便的病人，如英国的 PAM 机器人。

临床医疗用机器人包括外科手术机器人和诊断与治疗机器人，可以进行诊断或精确的外科手术，如日本的 WAPRU-4 胸部肿瘤诊断机器人。美国科学家研发了手术机器人"达·芬奇系统"，这种手术机器人得到了美国食品和药物管理局认证，它拥有 4 只机械触手。在医生操控下，"达·芬奇系统"可精确完成心脏瓣膜修复手术和癌变组织切除手术，如图 1-17 为达·芬奇机器人在手术中。美国国家航空和航天局计划在水下实验室和航天飞机上进行医用机器人操作实验。届时，医生能在地面上的电脑前操控水下和外太空的手术。

图 1-17　达·芬奇机器人在手术中

美国医用机器人还被应用于军事领域。2005 年，美国军方投资 1200万美元研究"战地外伤处理系统"。这套机器人装置被安放在坦克和装甲车辆中，战时通过医生从总部传来的指令，机器人可以对伤者进行简单手术，稳定其伤情等待救援。

为残疾人服务的机器人又叫康复机器人，可以帮助残疾人恢复独立生活能力，如美国的 Prab Command 系统。

英国科学家正在研发一种护理机器人，能用来分担护理人员繁重琐碎的护理工作。新研制的护理机器人将帮助医护人员确认病人的身份，并准确无误地分发所需药品。将来，护理机器人还可以检查病人体温、清理病房，甚至通过视频传输帮助医生及时了解病人病情。

医用教学机器人是理想的教具。美国医护人员目前使用一部名为"诺埃尔"的教学机器人，它可以模拟即将生产的孕妇，甚至还可以说话和尖叫。通过模拟真实接生，有助于提高妇产科医护人员手术配合和临场反应。

⑦ 物流用途机器人，如 AGV 小车，指装备有电磁或光学等自动导引装置，能够沿规定的导引路径行驶，具有安全保护以及各种移载功能的运输车。工业应用中不需驾驶员的搬运车，以可充电的蓄电池为其动力来源。一般可通过电脑来控制其行进路线以及行为，或利用电磁轨道（electromagnetic path-following system）来设立其行进路线。电磁轨道粘贴于地板上，无人搬运车则依靠电磁轨道所带来的信息进行移动与动作。

⑧ 建筑机器人能遥控、自动和半自动控制，可以在自然环境中进行多种作业，其中以自然作业为最大特征。建筑机器人的机种很多，按其共性技术可归纳为三种：操作高技术、节能高技术和故障自行诊断技术。其研究内容丰富，技术覆盖面广，随着机器人技术的发展，高可靠性、高效率的建筑机器人已经进入市场，并且具备广阔的发展和应用前景。图 1-18 为某建筑机器人。

图 1-18　建筑机器人

⑨ 水下机器人也称无人遥控潜水器，是一种工作于水下的极限作业机器人。水下环境恶劣危险，人的潜水深度有限，所以水下机器人已成为开发海

洋的重要工具。图 1-19 为我国自行研制的海底探测考察机器人蛟龙号[6]。

图 1-19　蛟龙号

无人遥控潜水器主要有有缆遥控潜水器和无缆遥控潜水器两种,其中有缆遥控潜水器又分为水中自航式、拖航式和能在海底结构物上爬行式三种。

⑩ 国防、营救和安全应用机器人中的救援机器人,是为救援而采取先进科学技术研制的机器人,如地震救援机器人,它是一种专门用于大地震后在地下商场的废墟中寻找幸存者执行救援任务的机器人。这种机器人配备了彩色摄像机、热成像仪和通信系统。

⑪ 如图 1-20 所示为中信重工的防爆消防灭火侦察机器人,该机器人由机器人本体、消防炮和手持遥控终端组成,主要用于各领域火灾扑救、侦察,尤其适用于石化、燃气等易爆环境,对提高救援安全性、减少人员伤亡具有重要意义[7]。

图 1-20　防爆消防灭火侦察机器人

1.4 服务机器人控制的主要内容

服务机器人控制涉及诸多内容，服务机器人的种类繁多，本书不能一一罗列。本书综合叙述了服务机器人控制的一些共性问题，主要分为机器人的底层控制与上层控制，其中，底层控制包括机器人本体，即机械部分、驱动电路部分、传感器部分，以及控制策略，如 PID 控制等；上层控制包括机器人的运动分析、路径规划以及机器人的软件部分。

服务机器人控制系统的基本要素包括电动机、减速器、驱动电路、运动特性检测的传感器、控制系统的硬件和软件。

（1）电动机

驱动机器人运动的驱动力，常见的有液压驱动、气压驱动、直流伺服电机驱动、交流伺服电机驱动和步进电机驱动。

（2）减速器

减速器的功能是增加驱动力矩，降低运动速度。

（3）驱动电路

由于直流伺服电机或交流伺服电机流经电流较大，机器人常采用脉冲宽度调制（PWM）方式进行驱动。

（4）运动特性检测的传感器

机器人运动特性传感器用于检测机器人运动的位置、速度、加速度等参数。

（5）控制系统的硬件

机器人的控制系统是以计算机为基础的，机器人控制系统的硬件系统采用的是二级结构——协调级和执行级。

（6）控制系统的软件

包括对机器人运动特性的计算、机器人的智能控制和机器人与人的信息交换等功能。

人类社会的发展永无止境，社会分工越来越细，人类所需要的服务分类也更加广泛，这也决定了服务机器人的种类繁多。但万变不离其宗，就服务机器人而言，其研发内容不外乎服务机器人的结构（包括特殊结构）、服务机器人的执行单元、服务机器人的驱动与控制、服务机器人的运动分析、服务机器人的路径规划、服务机器人的感知、服务机器人的操作系统等。

参考文献

[1] 曾艳涛. 机器人的前世今生. 机器人技术与应用[J]. 2012(02): 226.

[2] History of Industrial Robot. From the first Installation until Today [M]. Compiled by the International Federation of Robotics-IFR 2012.

[3] 陈万米. 神奇的机器人[M]. 北京: 化学工业出版社. 2014.

[4] 沈以淡. 机器人的时代. 知识就是力量[J].

2001(05): 6-7.

[5] 陈广飞, 等. 达芬奇手术机器人系统在医疗中的应用. 机器人技术与应用[J]. 2011(4): 11-13.

[6] 奇云. 蛟龙探海——聚焦中国深海载人潜水器. 科技潮. 2011(09): 56-63.

[7] 中信重工特种防爆消防灭火侦察机器人进入消防部队. 中国消防网. 2017: 8-11.

第2章

服务机器人的
移动机构

2.1　移动机构

服务机器人分类及应用场合的多样性（服务机器人可以出现在室内、室外，如空中、地面、水下等），决定了服务机器人移动机构的多样性。

常见的服务机器人移动机构有仿生机械腿式、轮式、履带式、足式等，以下简要分析各种移动机构的优缺点。

（1）仿生机械腿式移动机构

仿生机械腿式移动机构转向灵活，可以在狭小空间自由移动，但是其稳定性和速度相对不足，而且仿生机械腿的结构和控制方法复杂，要对其进行准确控制需要复杂的控制算法和多种传感器配合工作，这会大幅度增加机器人的制造成本[1]。

（2）轮式移动机构

轮式移动机构是目前较为普遍使用的方式，其所使用的驱动轮分为普通轮、全向轮和万向轮（一般是起支撑作用，作为从动轮）等。轮式移动机构又按照轮子类型的不同和数量的不同分为很多类，比较常见的有单轮滚动、两轮差动、三轮或四轮甚至更多轮的全向移动[2]。

（3）履带式移动机构

优点：越障能力、地形适应能力强，可原地转弯。

缺点：速度相对较低、效率低、运动噪声较大。

适合范围：野外、城市环境都可以，尤其在爬楼梯、越障等方面优于轮式机器人[3]。

（4）足式移动机构

优点：几乎可以适应各种复杂地形，能够跨越障碍。

缺点：行进速度较低，且由于重心原因容易侧翻，不稳定。

下面对常见的服务机器人移动机构进行分析。

2.1.1　单轮移动机构

单轮滚动机构具有很强机动性和灵活性，目前成熟的有日本村田制作所开发的独轮机器人，如图 2-1 所示。该类型的移动机构控制方法相对复杂，稳定性也不高[4]。

图 2-1　村田独轮机器人

2.1.2　两轮差动配合小万向轮机构

常见的两轮差速加小万向轮的移动机构比较常见，如图 2-2 所示为上海交通大学的交龙机器人，两轮差速加上小万向轮的移动机构在负重要求不高时移动的稳定性较好，其转弯半径也很小。

图 2-2　交龙机器人

2.1.3 全向轮式移动机构

全向轮式移动机构根据全向轮个数分为三轮、四轮或者更多轮组合。其中比较常见的是正交四轮组合,如图 2-3 所示为上海大学机器人竞赛自强队设计的正交全向轮组合式底盘,该组合的移动机构以稳定性高、可零半径原地转动、控制方法灵活等特点而被广泛使用。

v_1 v_2 v_3 v_4

图 2-3 上海大学自强队设计的正交全向轮组合式底盘

该组合可以根据 v_1、v_2、v_3、v_4 这四个轮子的组合速度变化而沿 X 和 Y 轴所在的平面内任意方向移动。

正交全向轮系移动机构的结构、控制相对简单,具有灵活性和稳定性,既可以原地转动,还可以在需要时向平面内任意方向运动(平动)。

2.1.4 履带式移动机构

履带式移动机器人如图 2-4 所示,具有以下特点。

① 履带式移动机器人支撑面积大,接地比压小,适合在松软或泥泞场地作业,下陷度小,滚动阻力小,通过性能好;越野机动性能好,爬坡、越沟等性能均优于轮式移动机器人。

② 履带式移动机器人转向半径极小,可以实现原地转向,其转向原理是靠两条履带之间的速度差(即一侧履带减速或刹死而另一侧履带保持较高的速度)来实现转向。

③ 履带支撑面上有履齿,不易打滑,牵引附着性能好,有利于发挥

较大的牵引力。

④ 履带式移动机器人具有良好的自复位和越障能力，带有履带臂的机器人可以像腿式机器人一样实现行走。

图 2-4　履带式机器人

当然，履带式移动机器人也存在一些不足之处，比如在机器人转向时，为了实现转大弯，往往要采用较大的牵引力，在转弯时会产生侧滑现象，所以在转向时对地面有较大的剪切破坏作用。

从 20 世纪 80 年代起，国外就对小型履带式移动机器人展开了系统的研究，经过多年的技术积累和经验总结，已经取得了可喜的研究成果。比较有影响的是美国的 Packbot 机器人、URBOT、NUGV 和 Talon 机器人，它们应用在伊拉克战争和阿富汗战争中，取得了巨大的成功。此外，英国研制的 Supper Wheelbarrow 排爆机器人、加拿大谢布鲁克大学研制的 AZIMUT 机器人、日本的 Helios Ⅶ 机器人都属于履带式机器人。我国对履带式机器人的研究起步较晚，但是近期也取得了一定的成果，如沈阳自动化研究所研制的 CLIMBER 机器人、北京理工大学研制的四履腿机器人、北京航空航天大学研制的可重构履腿机器人等。

2.1.5　足式机构[5]

未来机器人将更多地应用在复杂的环境中，足式机器人具有很强的环境适应性和运动灵活性，可以满足未来机器人的要求。这类机器人具有以下几个特点。

① 采用足式行走方式的机器人可以更好地适应外部复杂多变的环境。这是由于该种机器人的支撑点为一系列离散点，移动时只需要腿部末端与地面点接触，对复杂地形适应能力好，可以轻松地跨越一些大型障碍物（石块、坑洼等）以及沼泽、泥潭等恶劣地形，能够选择更为平整的区域作为腿部的落足点；在一条或者多条腿损坏六足移动机器人的仿生机构设计与运动学分析时也可正常运动，继续完成工作。

② 腿部具有多个关节，将相对独立的连杆连接在一起，多个自由度可以显著提高机器人运动灵活性，并通过控制各个关节的摆角调整腿部姿态和机体重心，达到稳定机器人的目的，不易发生侧翻。

③ 足式机器人的机体和地面是分离的，使得机器人运动系统具有主动减振效果，允许机体的运动轨迹和足端轨迹解耦。机器人不管路面情况如何复杂和腿部支撑点位置是否平稳，均可以保持机体稳定移动。

足式机器人的足数越多，其保持运动稳定的能力越好。四足以上即可满足机器人行走过程中腿部摆动，其余腿支撑时机体保持平衡；而七足以上机器人会由于足数过于饱和，产生浪费。

双足机器人具有类似人类的基本外貌特征和步行功能，其步行方式自动化程度较高，动力学特性好，适应性强，具有很大的发展潜力。但其支撑面积小，支撑面的形状随时间变化大，质心相对位置高，灵活度较高，其结构复杂，给稳定性的控制带来一些困难。图 2-5 为 Nao 双足机器人。图 2-6 为四足机器人（大狗）。图 2-7 为六足机器人——美国的"机遇号"火星车。

图 2-5　Nao 双足机器人

图 2-6　美国的四足机器人（大狗）

图 2-7　美国"机遇号"火星车（六足）

2.2　设计举例[6]

2.2.1　轮式移动服务机器人底盘

基于服务机器人的应用特点，轮式移动机器人是目前应用最为广泛的机构之一，本小节以全向移动服务机器人的底盘为例进行介绍。

服务机器人全向运动的关键结构为全向轮，其基本思想是：驱动轮可以在不平行于驱动的方向上自由滚动。将几个这样的全向轮组合成一个系统，在这个系统中，单个的轮子在一个方向上可以提供扭矩，但在另外一个方向上（通常是轴线方向）能够自由滚动，组合起来的整个系统具有全向运动的功能。

实际制作时，可以在一个大轮子周围垂直方向上均匀分布若干小轮子，大轮子由电机驱动，小轮子可以自由转动，使服务机器人在大轮子垂直方向侧滑时没有摩擦。如果将 3 个或 3 个以上的这种轮子固连在服务机器人的底盘上，每个轮子就可以提供一个与驱动轴重合的扭矩，这些扭矩的合成可以使服务机器人具备全向移动的能力。

（1）单片全向瑞士轮

单片全向瑞士轮，如图 2-8 所示，其制作工艺相对简单，运动过程中单个小从动轮与地面接触为离散的点接触，当离散的接触点在轮滚动的过程中，出现多边形效应，如图 2-9 所示，造成整个轮体出现幅度较大的颠簸起伏，对运动控制的精度影响很大。在实际使用中，不是很理想。

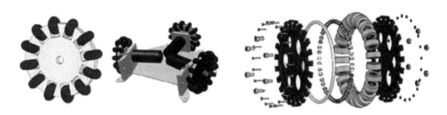

图 2-8　单片全向瑞士轮结构及其爆炸图

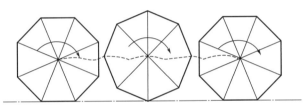

图 2-9　多边形效应

（2）双排全向瑞士轮

双排全向瑞士轮，如图 2-10 所示，通过内外两层复合轮体实现与地面的连续接触，在运动地表平面度比较理想的情况下能实现全向运动的效果。但其运动过程中，由于内外两层轮体交替与地面接触受力，从而产生了动载荷效应。

图 2-10　双排全向瑞士轮

（3）差补全向轮

差补全向轮，如图 2-11 所示，把单片和双排全向瑞士轮的结构优点组合在了一起，同时又克服了前两者的缺点，既没有多边形效应，也没有动载荷的产生，可以实现平滑的全向运动，但其结构工艺相当复杂，成本高，使用寿命又相对较短。图 2-12 为差补全向轮在服务机器人中的应用。

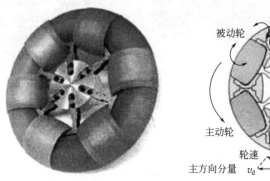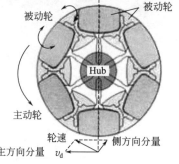

(a) 差补全向轮　　　　　　　　(b) 差补全向轮的主动轮与被动轮

图 2-11　差补全向轮结构

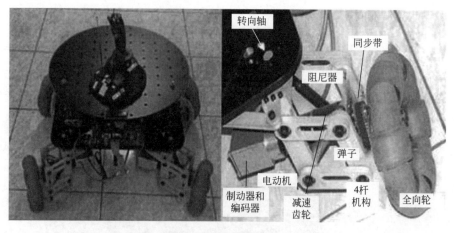

图 2-12　差补全向轮在服务机器人中的应用

综合上述分析，服务机器人的驱动底盘采用 4 个万向驱动轮，如图 2-13 所示。这样既有利于速度的分解，又有利于服务机器人运动的控制。

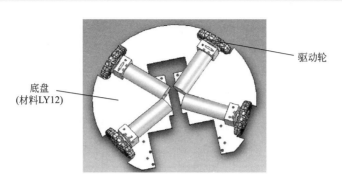

底盘
(材料LY12)

驱动轮

图 2-13　驱动底盘

2.2.2　双足步行机器人

　　双足步行机器人可直立行走，有着良好的自由度，动作灵活、自如、稳定。双足机器人是一种仿生类型的机器人，能够实现机器人的双足行走和相关动作。作为由机械控制的动态系统，双足机器人包含了丰富的动力学特性。在未来的生产生活中，类人型双足行走机器人可以帮助人类解决很多问题，比如可从事驮物、抢险等一系列繁重或危险的工作。

　　双足机器人的结构类似于人类的双足，可以实现像人类一样行走。机器人可采取模拟舵机代替人类关节，实现机器人的步态设计控制。使用舵机控制芯片控制各个关节的动作，从而实现了对步伐的大小、快慢、幅度的控制。

　　用铝合金或其他轻型高硬度材料来制作机器人的结构件，类似于人类的骨骼，从而来支撑机器人的整体。用轻型、有一定强度的材料（如亚克力板）来制作机器人的顶板和脚板，模拟人类的胯部和脚掌，从而支持机器人的行走与稳定。因为人类行走是多关节配合的动作，双足机器人能独立完成行走或其他任务。作为类人形机器人，双足机器人可采用 6 个舵机分别代替两条腿的关节，其中一条腿的 3 个关节如图 2-14 所示，机器人关节的结构如图 2-15 所示。

　　（1）舵机

　　使用舵机来代替关节活动，舵机的好坏决定了机器人行走的质量。选择质量好、运行平稳、执行到位的常规舵机即可，决定结构件尺寸与型号的关键在于舵机的尺寸型号。

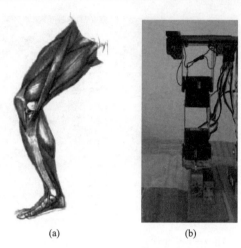

图 2-14 双足机器人的关节

机器人的整体机械结构如图 2-16 所示。

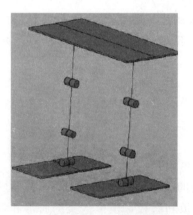

图 2-15 机器人关节的结构

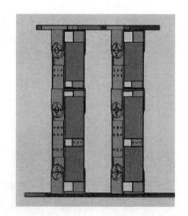

图 2-16 机器人的整体机械结构

（2）结构件

用 2mm 铝合金板制作结构件来代替骨骼。材料选择需注意：材料需满足易切割、打孔，材料成形后不易形变，能支撑机器人重量。

（3）脚板、顶板

使用 0.5mm 亚克力板制作机器人的脚板和顶板，来模拟人的脚掌和胯部。

双足机器人在行走过程中需要考虑其稳定性与平衡性，即"零力矩点"（ZMP）问题。"零力矩点"是判定双足机器人是否能动态稳定运动的重要指标，ZMP 落在脚掌的范围里面，则机器人可以稳定地行走。

2.2.3 履带式机器人底盘

履带式机器人底盘用于将机械重力传给地面，是保证机械发出足够驱动力的装置。图 2-17、图 2-18 为履带行走的装置结构。

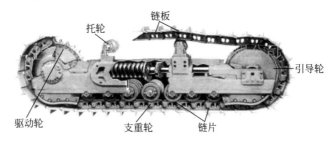

图 2-17 履带行走的装置结构（一）

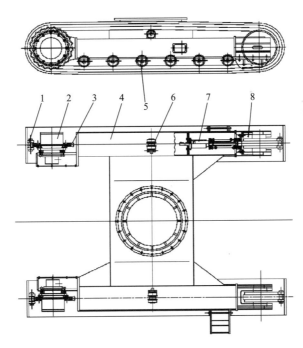

图 2-18 履带行走的装置结构（二）

1—履带；2—行走减速机；3—驱动轮；4—行走架；5—支重轮；6—拖链轮；7—张紧装置；8—引导轮

（1）链轨节设计

履带链轨节分为左右 2 节，2 节的基本尺寸一样。图 2-19 和图 2-20 分别为履带链轨节的左右 2 个链轨。

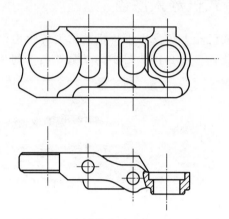

图 2-19　右链轨节（AutoCAD 图）

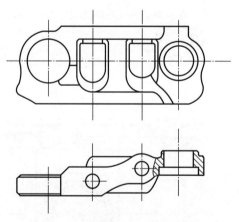

图 2-20　左链轨节（AutoCAD 图）

（2）履带板设计

履带板主要是把机器人的重力传给地面，除要求有良好的附着性能外，还要求它有足够的强度、刚度和耐密性。图 2-21、图 2-22 为履带板的样式图。在制作过程中，履带板不得有裂痕，需要用磁粉探伤方法去检测，而且履带板的强度、硬度要达到规定要求。

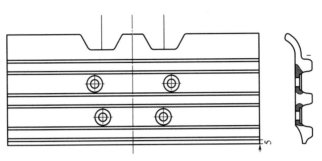

图 2-21　履带板（AutoCAD 图）

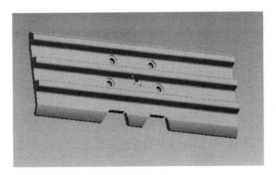

图 2-22　履带板（ProE 图）

（3）锁紧销轴和销轴设计

锁紧销轴和销轴样式基本要符合图 2-23、图 2-24。图 2-23 为锁紧销轴，图 2-24 为销轴。锁紧销轴和销轴是用来连接左右两链轨节的重要连接键，同时也是连接前后两链轨节的重要连接键。

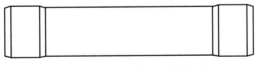

图 2-23　锁紧销轴（AutoCAD 图）

图 2-24　销轴（AutoCAD 图）

（4）锁紧销套和销套设计

锁紧销套和销套是用来更好固定锁紧销轴和销轴的零件，可以起到密封作用，防止机械在工作时混入各种杂质。图 2-25 为锁紧销套，图 2-26 为销套。

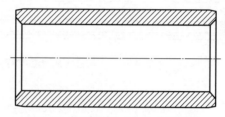

图 2-25　锁紧销套（AutoCAD 图）

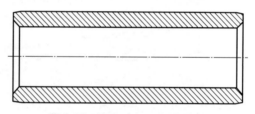

图 2-26　销套（AutoCAD 图）

（5）履带装配设计

把各零件装配到一起，加入标准件，完成履带的装配简图，见图 2-27。根据 JB/T 59321—2017 规定，在外观与装配质量上有以下几点要求。

① 履带总成中各零件应符合 JB/T 5932.2～JB/T 5932.5 和 JB/T 11010 的规定。履带密封件的型式和结构尺寸参见 JB/T 5932.1—2017 附录 B。

② 履带总成涂漆应均匀、平整，外观应光洁、美观。

③ 销轴两端的装配伸出量偏差应在 ±1.5mm 以内。

④ 相邻链轨节之间转动平面侧隙应在 0.5～2.5mm 之间。

⑤ 链轨总成装配后的直线度误差为每 10 节不大于 4mm，全长不大于 8mm。

⑥ 履带总成应转动灵活，不得有卡死成干涉现象。

⑦ 履带螺栓的拧紧力矩应按产品的图样要求或 JB/T 5932.5 的要求，性能等级不低于 10.9 级。

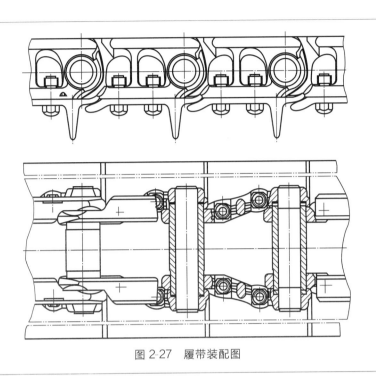

图 2-27　履带装配图

　　服务机器人根据其服务对象的不同，可以具有不同的移动机构。移动机构的稳定、可靠是服务机器人走向成熟应用的前提。

参考文献

［1］　程刚. 并联式仿生机械腿结构设计及动力学研究[D]. 北京: 中国矿业大学, 2008.

［2］　朱磊磊. 轮式移动机器人研究综述. 机床与液压[J]. 2009(08): 242-247.

［3］　陈淑艳. 履带式移动机器人研究综述. 机电工程[J]. 2007(12): 109-112.

［4］　陈旭东. 老人服务机器人的移动机构运动控制系统研究[D]. 北京: 中国科学技术大学, 2011.

［5］　张鹏翔. 液压驱动的足式机器人腿部设计与研究[D]. 北京: 北京邮电大学, 2011.

［6］　陈万米, 等. 智能足球机器人系统[M]. 北京: 清华大学出版社, 2009.

第3章

服务机器人的
执行单元

　　机器人是模仿人或者其他生物制造出来的自动化机器，这个模仿不仅是外形上的模仿，更主要是指运行机理上的模仿，因此，探索机器人的奥秘还是要从人体开始。人类有手，能做各种各样的动作；有腿脚，能走路；有眼睛，能看到东西；有嘴巴，能说话；有耳朵，能听到声音；有皮肤，能感觉到凉热软硬；有大脑，能思考……我们可以把这些器官抽象为3种要素：感知器、控制器和执行器。简单地说，感知器对应着我们的感觉器官，感受着外部和内部的信息，比如光、声音、温度、位置、疼痛、平衡等；控制器对应着我们的大脑和小脑，控制身体的动作，进行思考和决策；而执行单元则对应着我们的肌体，实现身体的动作等。

　　服务机器人的移动机构，在前面已有介绍，本章主要认识机器人身上的其他部分。为使机器人能够自动地，从听声音、做动作、交谈、爬楼梯、拿东西，到感知不同的情况，如热、烟、光等，甚至可以自己思考、学习等，必须先给机器人提供一个强健的身体，包括机器人的躯体以及形形色色的四肢，这就是机器人的执行单元。

3.1　服务机器人的机械臂

（1）机械臂的构型

　　机械系统是机器人实现搬运操作对象、移动自身等功能的基本手段。机器人的操作手应该像人的手臂那样，能把抓持（装有）工具的手，依次伸到预定的操作位置，并保持相应的姿态，完成给定的操作。或者能以一定速度，沿预定空间曲线移动并保持手的姿态，在运动过程中完成预定的操作。操作手在结构上也类似于人的臂，可以把手伸到空间的任一位置。腕转动手，以保持任意预定姿态。手可以抓取或安装所用的工具。

　　机器人臂部是机器人的主要执行部件，其作用是支承手部和腕部，并改变手部在空间的位置。机器人的臂部一般具有多个自由度，可以执行伸缩、回转、俯仰或升降等动作。

　　机器人臂部的结构形式必须根据机器人的运动形式、抓取质量、动作自由度、运动精度、受力情况、驱动单元的布置、线缆的布置与手腕的连接形式等因素来确定，其总质量较大，受力较复杂，其运动部分零部件的质量直接影响着臂结构的刚度和强度。机器人臂部一般要满足下述要求。

　　① 刚度要大。为防止臂部在运动过程中产生过大的变形，手臂截面形状的选择要合理。

②导向性要好。为防止手臂在直线运动中沿运动轴线发生相对转动，设置导向装置，或设计方形、花键等形式的臂杆。

③偏重力矩要小。要尽量减小臂部运动部分的质量，以减小偏重力矩，整个手臂对回转轴的转动惯量，以及臂部的质量对其支撑回转轴所产生的静力矩。

图 3-1 是一种常见的机械臂。

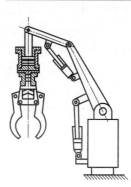

图 3-1　常见的机械臂

机器人手臂的构型是非常重要的，合理的构型设计不仅可以减少空间的占用，还能够减小系统质量，降低整个系统的复杂程度，提高整个系统的可靠性。机器人手臂的构型设计主要由关节自由度配置和关节间连接部件尺寸两个方面来决定。如果自由度越多，结构越复杂，机器人手臂的运动学、动力学分析也相应地复杂。

机器人的手臂由大臂、小臂（或多臂）组成，其作用是连接机身和腕部，实现操作机在空间上的运动。手臂的驱动方式主要有液压驱动、气动驱动和电气驱动几种形式，其中电动形式最为通用。

行程小时，常用气缸直接驱动；行程较大时，可采用步进电动机或伺服电动机驱动，也可采用丝杠螺母或滚珠丝杠传动。为增加手臂的刚性，防止手臂在伸缩运动时绕轴线转动或产生变形，臂部伸缩机构需设置导向装置，或设计方形、花键等形式的臂杆。常用的导向装置有单导向杆和双导向杆等，可根据手臂的结构、抓重等因素选取。

（2）自由度和坐标

提到结构，有两个重要的概念：自由度和坐标系。根据机械原理，机构具有确定运动时所必须给定的独立运动参数的数目（即为了使机构的位置得以确定，必须给定的独立的广义坐标的数目），称为机构自由度（degree of freedom of mechanism），其数目常以 F 表示。

在数学和物理中，我们用坐标来描述物体的空间状态，例如直角坐标系、圆柱坐标系、极坐标系等。坐标系的作用就是选择一组位置基准，用最少的一组数字来唯一确定物体的状态。在三维空间直角坐标系中，用 x、y、z 3 个数据就可以完全确定一个点的位置。对于一个物体在空间中的状态描述，除了确定它的位置，还要确定它的姿态，所以需要 6 个坐标来描述一个物体在空间中的状态：x、y、z、R_x、R_y、R_z，其

中 R_x、R_y、R_z 表示物体绕着 3 个坐标轴方向转动的角度。在机器人运动中，如果确定一个初始状态，只要知道了每一个关节转过了多少角度（转动关节）或者移动了多少距离（移动关节），就能完全确定机器人的位置和姿态，因此也可以使用机器人各关节的转角或者移动距离来描述机器人的状态，这种坐标系称为机器人关节坐标系，可用一组变量 $[q_0,$ $q_1, q_2, \cdots, q_n]$ 来表示，q_i 就代表各关节变量。

服务机器人的执行系统由传动部件与机械构件组成，主要包括上肢、下肢、机身 3 大部分，每一部分都可以具有若干自由度。若机身具备行走机构，便称为移动机器人；若机器人具有完全类似于人的躯体（如头部、双臂、双腿、身体等执行机构），则称为仿人机器人。同样，各种仿生机器人则具有类似被模仿生物对象的执行结构特点；若机身不具备行走能力，则称为机器人操作臂（robot manipulator）。由于不同类型的机器人所需要的机械结构及部件不同，本节仅仅对一些常见的机械结构做出介绍。

3.1.1　四自由度机械臂

传统的机械臂是由 4 个自由度构成的，其中包括两个水平关节，一个既能垂直移动又能旋转的连杆。其中水平连杆可以在水平面内旋转，进行水平面内的定位。垂直连杆可以竖直升降，完成垂直于平面的运动。垂直连杆还可以转动，完成末端的转动。因此机器人在垂直方向上既能保证刚度又能保证精度，同时在水平面内能自由转动，动作很灵活，非常适合在平面定位、在垂直方向进行装配等工作，具有很广阔的应用空间。本书介绍的机械臂模型如图 3-2 所示。该机械臂共由 4 个自由度组成，其中大臂和小臂为回转关节，可以在平面内进行快速准确的定位；第三个自由度为升降关节，可以控制物体高度；第四个自由度为旋转关节，可以进行 360° 旋转，控制物体位姿。

针对机器臂的运动学分正解和逆解，分别计算给定 4 个自由度的关节变量，求解抓取物体的位姿；给定物体位姿，求解 4 个关节变量。

（1）四自由度机械臂运动学正向求解过程

四自由度机器臂由 4 个关节组成，将每个杆件建立一个坐标系。通常把相邻两个连杆之间的相对坐标变换叫做 A 矩阵。于是每个关节相对于初始坐标系的变换就意味着是之前的若干个关节的变换矩阵通过连乘的结果。如第二杆相对于初始坐标系的变换为 $\boldsymbol{T}_2 = \boldsymbol{A}_1^0 \boldsymbol{A}_2^1$，式中，$\boldsymbol{A}_1^0$ 为连杆 1 在初始坐标系中的位姿变换矩阵；$\boldsymbol{A}_2^1$ 为连杆 2 对于连杆 1 的变换矩阵。那么第四杆的坐标变换为 $\boldsymbol{T}_4 = \boldsymbol{A}_0^1 \boldsymbol{A}_2^1 \boldsymbol{A}_3^2 \boldsymbol{A}_4^3$。

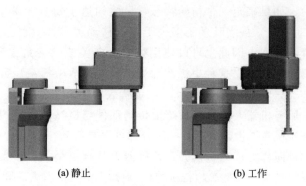

(a) 静止　　　　　　　　　　　　　(b) 工作

图 3-2　四自由度机械臂（效果图）

根据机械臂各连杆的几何参数和关节变量，可以求出利用下关节建立坐标系的 A_i^{i-1} 矩阵。

$$A_i^{i-1} = \mathrm{Rot}(x, a_{i-1})\mathrm{Trans}(x, a_{i-1})\mathrm{Rot}(z, \theta_i)\mathrm{Trans}(z, d_i)$$

$$A_i^{i-1} = \begin{bmatrix} \cos\theta_i & -\sin\theta_i & 0 & a_{i-1} \\ \sin\theta_i\cos\alpha_{i-1} & \cos\theta_i\cos\alpha_{i-1} & -\sin\alpha_{i-1} & -d\sin\alpha_{i-1} \\ \sin\theta_i\sin\alpha_{i-1} & \cos\theta_i\sin\alpha_{i-1} & \cos\alpha_{i-1} & d_i\cos\alpha_{i-1} \\ 0 & 0 & 0 & 1 \end{bmatrix} \quad (3\text{-}1)$$

图 3-3 所示为采用上面方法建立的四自由度机械臂坐标系。

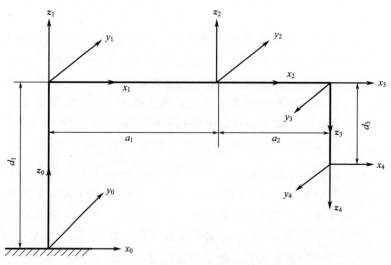

图 3-3　机械臂连杆坐标系

各相邻关节的齐次坐标变换矩阵分别为：

$$\boldsymbol{A}_1^0 = \begin{bmatrix} \cos\theta_1 & -\sin\theta_1 & 0 & 0 \\ \sin\theta_1 & \cos\theta_1 & 0 & 0 \\ 0 & 0 & 1 & d_1 \\ 0 & 0 & 0 & 1 \end{bmatrix} \qquad \boldsymbol{A}_2^1 = \begin{bmatrix} \cos\theta_2 & -\sin\theta_2 & 0 & a \\ \sin\theta_2 & \cos\theta_2 & 0 & 0 \\ 0 & 0 & 1 & 0 \\ 0 & 0 & 0 & 1 \end{bmatrix}$$

$$\boldsymbol{A}_3^2 = \begin{bmatrix} 1 & 0 & 0 & a_2 \\ 0 & -1 & 0 & 0 \\ 0 & 0 & -1 & -d_3 \\ 0 & 0 & 0 & 1 \end{bmatrix} \qquad \boldsymbol{A}_4^3 = \begin{bmatrix} \cos\theta_4 & -\sin\theta_4 & 0 & 0 \\ \sin\theta_4 & \cos\theta_4 & 0 & 0 \\ 0 & 0 & 1 & 0 \\ 0 & 0 & 0 & 1 \end{bmatrix}$$

于是得到四自由度机械臂末端位姿矩阵为：

$$\boldsymbol{A}_4^0 = \boldsymbol{A}_1^0 \cdot \boldsymbol{A}_2^1 \cdot \boldsymbol{A}_3^2 \cdot \boldsymbol{A}_4^3$$

$$= \begin{bmatrix} \cos(\theta_1+\theta_2-\theta_4) & \sin(\theta_1+\theta_2-\theta_4) & 0 & a_2\cos(\theta_1+\theta_2)+a_1\cos\theta_1 \\ \sin(\theta_1+\theta_2-\theta_4) & -\cos(\theta_1+\theta_2-\theta_4) & 0 & a_2\sin(\theta_1+\theta_2)+a_1\sin\theta_1 \\ 0 & 0 & -1 & d_1-d_3 \\ 0 & 0 & 0 & 1 \end{bmatrix}$$

$$(3-2)$$

（2）四自由度机械臂运动学逆向求解过程

机械臂运动学的逆问题就是已知机器人末端执行器的位置和姿态时，计算各关节变量 θ 和 d。对于 $3\sim6$ 个关节的机器人，如果满足其中 3 个相邻关节轴交于一点，就可以认为此时机器人存在封闭逆解。

① 求关节变量 θ_1。

用可逆变换矩阵 $(\boldsymbol{A}_1^0)^{-1}$ 左乘方程（3-2）两边，得：

$$(\boldsymbol{A}_1^0)^{-1}\boldsymbol{A}_4^0 = \boldsymbol{A}_1^2\boldsymbol{A}_2^3\boldsymbol{A}_3^4 \qquad (3-3)$$

$$\begin{bmatrix} \cos\theta_1 & \sin\theta_1 & 0 & 0 \\ -\sin\theta_1 & \cos\theta_1 & 0 & 0 \\ 0 & 0 & 1 & -d_1 \\ 0 & 0 & 0 & 1 \end{bmatrix} \cdot \begin{bmatrix} n_x & o_x & a_x & p_x \\ n_y & o_x & a_y & p_y \\ n_z & o_z & a_z & p_y \\ 0 & 0 & 0 & 1 \end{bmatrix}$$

$$= \begin{bmatrix} \cos(\theta_2-\theta_4) & \sin(\theta_2-\theta_4) & 0 & a_1+a_2\cos\theta_2 \\ \sin(\theta_2-\theta_4) & -\cos(\theta_2-\theta_4) & 0 & a_2\sin\theta_2 \\ 0 & 0 & -1 & -d_3 \\ 0 & 0 & 0 & 1 \end{bmatrix} \qquad (3-4)$$

令式（3-4）中左右矩阵的第一行、第四列和第二行、第四列分别相等，得：

$$\begin{cases} p_x\cos\theta_1 + p_y\sin\theta_1 = a_1 + a_2\cos\theta_2 \\ -p_x\sin\theta_1 + p_y\cos\theta_1 = a_2\sin\theta_2 \end{cases} \tag{3-5}$$

由上面方程组可解得：

$$\theta_1 = \arctan\frac{\boldsymbol{A}}{\pm\sqrt{1-\boldsymbol{A}^2}} - \varphi \tag{3-6}$$

② 求关节变量 θ_2。

将 θ_2 的值代入方程组（3-6），得：

$$\theta_2 = \arctan\frac{r\cos(\theta_1+\varphi)}{r\sin(\theta_1+\varphi)-a_1} \tag{3-7}$$

③ 求关节变量 d_3。

令矩阵方程（3-4）左右两侧的矩阵第三行、第四列对应相等，得：

$$d_3 = d_1 - p_z \tag{3-8}$$

④ 求关节变量 θ_4。

令矩阵方程（3-4）的第 1、2 行中的第 1 列对应相等，得：

$$\begin{cases} n_x\cos\theta_1 - n_y\sin\theta_1 = \cos(\theta_2-\theta_4) \\ -n_x\sin\theta_1 + n_y\cos\theta_1 = \sin(\theta_2-\theta_4) \end{cases} \tag{3-9}$$

解式（3-9）方程组，得：

$$\theta_4 = \arcsin(n_y\cos\theta_1 - n_x\sin\theta_1) + \theta_2$$

至此，四自由度机械臂的所有逆解均已求出，在计算过程中可以看出，关节 θ_1 的值有两个。而在求 θ_4 时，根据反正弦角度的计算可得，角 θ_4 也是两个解，且这两个角度是互补的。因此，需要考虑在这几组逆解中选择合适的逆解作为实际需要。

3.1.2　六自由度机械臂

本节以上海大学机器人竞赛自强队开发的服务机器人的机械臂为例，来说明六自由度工业机械臂的控制技术[1]。如图 3-4 所示家庭服务机器人，就是通过研究机器人活动来达到在家庭环境中为人类服务的目的，如识别主人、跟随主人行走、自主导航、给主人端茶送水、陪主人聊天、清扫地面等。通过近几年机器人应用情况来看，服务机器人实现准确、快速抓取物体对家庭服务来说起着举足轻重的作用。

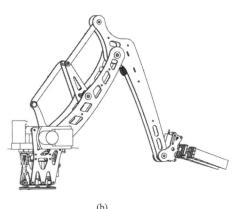

(a)   (b)

图 3-4　上海大学机器人竞赛自强队家庭服务机器人实物图与模型图

由于机械臂末端的 3 个自由度的转轴共点，因此本节将机械臂模型简化，即将末端 3 个自由度转轴相交的一点作为机械臂的末端端点。通过下面的位姿描述唯一表示机械臂状态[2]。

$$\text{Manipulators\_State}[P(x,y,z),O(o_x,o_y,o_z,\omega)] \qquad (3\text{-}10)$$

式中　$P(x,y,z)$——机械臂末端坐标系原点相对于基座坐标系原点的位置；

$O(o_x,o_y,o_z,\omega)$——机械臂末端的坐标系相对于基座坐标系的姿态。

根据 D-H 建模法，为每个关节指定 x 轴和 z 轴。指定的坐标系如图 3-5 所示。

本节将根据已建立的坐标系写出 6 个关节变量的值，即六自由度机械臂 D-H 参照表。根据前面分析任意两个关节四个变换。从 z_0-x_0 开始，x_0 经过一个旋转运动到 x_1，沿 x_1 和 z_1 平移，再使 z_0 旋转到 z_1 让 x_0 与 x_1 轴平行。旋转是按照右手定则旋转，即将手指指向旋转方向弯曲，大拇指的方向定为旋转坐标轴的方向。至此，z_0-x_0 就变换到了 z_1-x_1。

接着，以 z_1 为旋转轴旋转 θ_2，让 x_1 与 x_2 重合，再沿 x_2 轴平移 a_2，使两个坐标系原点重合。本坐标系不需绕 x 轴旋转，因为前后两个 z 轴默认是平行的。以此类推，可以算出所有的结果。

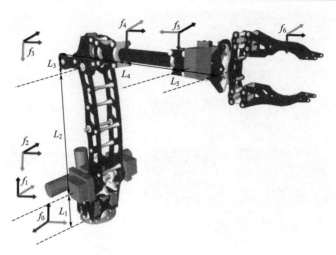

图 3-5　六自由度机械臂示意图

前面研究的方法是在二维平面考虑，机械臂是静态的。但是，实际中机器人手臂是时刻运动着，连杆和关节一直在运动，与它们固连的坐标系也是随之运动。六自由度机械臂 D-H 参照表如表 3-1 所示。

表 3-1　六自由度机械臂 D-H 参照表

序号	θ_i	α_i	a_i	d_i
1	θ_1	90	0	0
2	θ_2	0	L_2	0
3	θ_3	0	L_4	0
4	θ_4	-90	L_5	0
5	θ_5	90	L_2	0
6	θ_6	0	0	0

d 表示滑动关节的关节变量，本文所研究机械臂的 6 个关节全为旋转关节，故 d 为 0，θ 表示旋转关节的关节变量，关节变量都是角度。

由表 3-1 中的参数，便可写出每两个相邻关节之间的变换。例如，在坐标系 0 和 1 之间的变换矩阵 $\boldsymbol{A}_1$ 可通过将 α（$\sin 0° = 0, \cos 0° = 1$，$\alpha = 90°$）以及指定 C_1 为 θ_1 等代入 $\boldsymbol{A}$ 矩阵得到[3]，对其他关节的 $\boldsymbol{A}_2 \sim \boldsymbol{A}_4$ 矩阵也是这样，最后得：

$$A_1 = \begin{bmatrix} C_1 & 0 & S_1 & 0 \\ S_1 & 0 & -C_1 & 0 \\ 0 & 1 & 0 & 0 \\ 0 & 0 & 0 & 1 \end{bmatrix} \quad A_2 = \begin{bmatrix} C_2 & -S_2 & 0 & C_2 L_2 \\ S_2 & C_2 & 0 & S_2 L_2 \\ 0 & 0 & 1 & 0 \\ 0 & 0 & 0 & 1 \end{bmatrix}$$

$$A_3 = \begin{bmatrix} C_3 & -S_3 & 0 & C_3 L_4 \\ S_3 & C_3 & 0 & S_3 L_4 \\ 0 & 0 & 1 & 0 \\ 0 & 0 & 0 & 1 \end{bmatrix} \quad A_4 = \begin{bmatrix} C_4 & 0 & -S_4 & C_4 L_5 \\ S_4 & 0 & C_4 & S_4 L_5 \\ 0 & -1 & 0 & 0 \\ 0 & 0 & 0 & 1 \end{bmatrix}$$

$$(3\text{-}11)$$

$$A_5 = \begin{bmatrix} C_5 & 0 & S_5 & 0 \\ S_5 & 0 & -C_5 & 0 \\ 0 & 1 & 0 & 0 \\ 0 & 0 & 0 & 1 \end{bmatrix} \quad A_6 = \begin{bmatrix} C_6 & -S_6 & 0 & 0 \\ S_6 & C_6 & 0 & 0 \\ 0 & 0 & 1 & 0 \\ 0 & 0 & 0 & 1 \end{bmatrix}$$

注意：为了书写且阅读方便，将用到下列三角函数关系式简化：

$$S\theta_1 C\theta_2 + C\theta_1 S\theta_2 = S(\theta_1 + \theta_2) = S_{12}$$
$$C\theta_1 C\theta_2 - S\theta_1 S\theta_2 = C(\theta_1 + \theta_2) = C_{12} \qquad (3\text{-}12)$$

从而，在机器人的基座到手臂末端之间的总变换可表示为：

$${}^{R}T_H = A_1 A_2 A_3 A_4 A_5 A_6 =$$

$$\begin{bmatrix} C_1(C_{234}C_5C_6 - S_{234}S_6) - S_1 S_5 C_6 & C_1(-C_{234}C_5C_6 - S_{234}C_6) + S_1 S_5 S_6 & C_1(C_{234}S_5) + S_1 C_5 & C_1(C_{234}L_5 + C_{23}L_4 + C_2 L_2) \\ S_1(C_{234}C_5C_6 - S_{234}S_6) + C_1 S_5 C_6 & S_1(-C_{234}C_5C_6 - S_{234}C_6) - C_1 S_5 S_6 & S_1(C_{234}S_5) - C_1 C_5 & S_1(C_{234}L_5 + C_{23}L_4 + C_2 L_2) \\ S_{234}C_5C_6 + C_{234}S_6 & -S_{234}C_5C_6 + C_{234}C_6 & S_{234}S_5 & S_{234}L_5 + S_{23}L_4 + S_2 L_2 \\ 0 & 0 & 0 & 1 \end{bmatrix}$$

$$(3\text{-}13)$$

式(3-13)即为该六自由度机械臂的正运动学方程，已知各关节角度可以算出手臂可达到的位姿。

如前所述，已知机器人构型如连杆长度和关节角度，可以根据总变换方程求出机器人手的末端位姿，这是机器人正运动学分析。给出机器人的所有关节变量值，就能根据总变换方程算出机器人任意时候位姿。在实际工作中，往往希望机器手臂末端到达一个期望位置去执行某项动作，这时就得根据已知位姿，算出机器人各关节需要旋转的角度，这就是机器人逆运动学。这里不会将各关节变量代入总变换方程求出某一位姿，而是找到这些方程的逆，从而求得所需要的关节角度值。实际中，逆运动学比正运动学更重要，机器人控制器根据逆运动学解算出各关节值，以此让手臂到达期望位置。

3.2　机械手

家庭服务机器人是需要满足人员照顾、清洁、保全、娱乐和设施维护等服务功能的非工业用机器人。现在，机器人的研究大多旨在创造出机器人自治系统，它们通过感知外部环境，能够自己做出相应的决定与外界环境进行适当的交互，这些机器人必须依赖一些相应的功能来完成特定的任务。在机器人的这些能力里面，我们着重考虑机器人对物体的操纵能力（也即机器人的抓取能力）。因为，抓取在机器人的整个适应环境、执行任务过程中扮演了一个非常重要的角色。

机器人最常见的抓取任务是移动到靠近物体的位置，通过视觉得到目标物体的精确位姿，然后移动机器人手臂到目标位置，通过末端执行器（机械手爪）稳定而可靠地抓起目标物体，移动物体到另一个目标位置。机械手爪作为机器人手臂的末端执行器，是抓取等过程中必不可少的部分。在机器人系统中，机械手爪的设计和应用要考虑到机器人的应用场景和要达到的效果，以满足人们的需求。在对机器人机械手爪的机构进行设计的过程中，要充分考虑以下几点。

第一，手部机构要具有适当的夹紧力，不仅能够对物品准确抓握，更要保证物品在被抓握的过程中保持完好，不被损坏。

第二，在两手指之间应该具有充足的移动范围，当两手指在张开状态下能够满足物品具有最大直径值。

第三，手部机构要具有足够的刚度和强度，以保证其使用的可靠性。

第四，能够对不同的尺寸进行自适应调节，在抓取物品的过程中能够自动完成对心。

第五，手部机构要灵活，结构紧凑，质量适中[4]。

常见的机械手有二指机械手、三指机械手和五指机械手，本节将分别加以介绍。

3.2.1　二指机械手

二指机械手，结构简单、使用方便而且稳定性也不错，见图 3-6。末端执行器为二指机械手的服务机器人很适合简单的物体抓取和开门等操作，不需要进行相对复杂的任务。随着社会的发展，人们对所要抓取的物体的精度、可靠性和稳定性的要求也越来越高，机器人的末端执行机构也由原来的简单的夹持器转变为内嵌多种传感器的、具有"感觉"以及灵敏性很高的机械手爪。国内外对二指机械手爪的研究比较成熟，而且成果显著。Willow Garage 公司的 PR2 机械手就采用二指机械手。手部有丰富的传感设备，使其可以像人手一样抓握东西，能够自己开门，找到插头并给自己充电，还能拖地和吸尘，打开冰箱取出啤酒，更能给人们端茶送水等[5]。

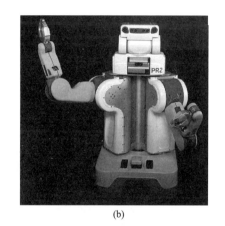

(a) (b)

图 3-6　二指机械手示意图

　　机器人为了能够在未知环境或者时刻变化的环境中进行稳定的抓取操作，就要具备感受作业环境的能力。在机器人抓取系统中，机器视觉为抓取操作系统提供目标物体的检测及定位信息，同时，还能够提供相应的信息促使机器人手臂进行避障操作。但机器人要想实现快速、准确的抓取操作，还要控制力度。这就要靠机械手上的触觉传感器了。

　　触觉传感器是感知被接触物体的特征以及传感器接触外界物体后的自身状况，如感知是否握牢对象物体或者对象物体在传感器的什么位置。它在机器人抓取系统中发挥着不可替代的作用。二指机械手与物体的可接触面积并不是很大，且由于手指的结构相对简单，所以触觉传感器是二指机械手中最主要的传感器。相对于精密操作，触觉传感器的精度并不是那么高，但已能够满足基本需求。

　　常用的触觉传感器有接触觉传感器、力敏传感器、滑觉传感器等。

　　(1) 接触觉传感器

　　最早的接触觉传感器为开关式传感器，只有接触（开）和不接触（关）两个信号，例如光电开关由发射器、接收器和检测 3 部分组成，发射器对准目标发射光束，在光束被中断时产生一个开关信号变化。后来又出现利用柔顺指端结构和电流变流体的指端应变式触觉传感器、利用压阻材料构成两层列电极与行电极的压阻阵列触觉传感器。图 3-7 为接触式触觉传感器。

　　(2) 力敏传感器

　　力敏传感器是将各种力学量转换为电信号的器件。力学量包括质量、力、力矩、压力、应力等，常用的有依据弹性敏感元件与电阻应变片中电阻形变发生电阻值改变原理的电阻应变式传感器；依据半导体应变片受力发生压阻效应的压阻式力敏传感器，见图 3-8；依据晶体受力后表面产生电荷压电效应的压电式传感器；依据电容极板面积、间隙等参数改变来改变电容量的电容式压力传感器。

图 3-7　接触式触觉传感器

图 3-8　压阻式力敏传感器

　　(3) 滑觉传感器

　　滑觉传感器用于机器人感知手指与物体接触面之间相对运动（滑动）的大小和方向，从而确定最佳大小的把握力，以保证既能握住物体不产生滑动，又不至于因用力过大而使物体发生变形或被损坏。滑觉检测功能是实现机器人柔性抓握的必备条件，常用的有受迫振荡式（小探针与滑动物体接触，使压电晶体产生机械形变，让阈值检测器感应合成电压脉冲，从而改变抓取力直到物体停止滑动）、断续器（物体滑动使磁滚轮转动，使永磁铁在磁头上方经过时产生一个脉冲改变抓取力）。图 3-9 为电磁振荡式滑觉传感器。

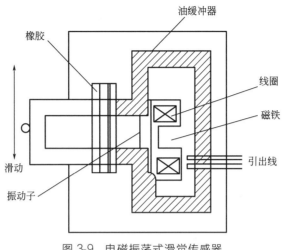

图 3-9 电磁振荡式滑觉传感器

3.2.2 三指机械手

人手大部分的抓取和操作过程主要是由拇指、食指、中指三根手指完成，无名指和小指主要起辅助作用。三指机械手根据人手的生理特性研制而成，具有一定的操作灵活性，能够完成人手的主要操作。此外，除拇指外，人的每根手指（食指、中指、无名指、小指）都由三根指骨构成，分别为近指骨、中指骨和远指骨，手指关节根据所允许的活动范围可以做移动或旋转运动。三指机械手的手指模仿人的手指设计，共有三个指节，用一些连杆机构或其他机构串联起来构成手指。三指机械手的形态如图 3-10 所示［图 3-10(b) 是上海大学灵巧手团队制作的三指机械手］。

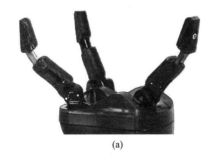
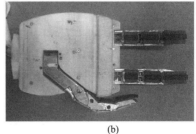

(a)　　　　　　　　　　　　　　　(b)

图 3-10 三指机械手

传动机构：传动机构用来连接驱动部分与执行部分，将驱动部分的运动形式、运动及动力参数转变为执行部分所需的运动形式、运动及动力参数。机械手手指的功能好坏与优劣很大程度上与传动机构有关。以下介绍几种典型的用于机械手的传动机构。

（1）齿轮传动

齿轮是能互相啮合的有齿的机械零件，齿轮传动是以齿轮的齿互相啮合来传递动力的机械传动。其圆周速度可达到 300km/s，传递功率可达 10^5kW，是现代机械中应用最广的一种机械传动。按其传动方式可分为平面齿轮传动和空间齿轮传动[6]。齿轮传动（见图 3-11）具有传递动力大、效率高、寿命长、工作平稳、可靠性高、能保持恒定的传动比等优点，但其制作、安装精度要求较高，不宜做远距离传动。

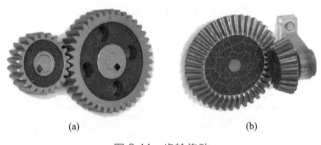

(a)　　　　　　　　　　(b)

图 3-11　齿轮传动

（2）带传动

带传动是利用紧套在带轮上的挠性环形带与带轮间的摩擦力来传递动力和运动的机械传动，见图 3-12。按工作原理可以分为摩擦型和啮合型两种。

图 3-12　带传动

摩擦型带传送由主动轮、从动轮和张紧在两轮上的环形传送带组成。带在静止时受预拉力的作用，在带与带轮接触面间产生正压力。当主动轮转动时，靠带与主、从动带轮接触面间的摩擦力，拖动从动轮转动，实现传动[7]。

啮合型带传动靠带齿与轮齿之间的啮合实现传动，相对于摩擦型带传动，其优点是无相对滑动，使圆周速度同步。

（3）链传动

链传动是由两个具有特殊齿形的链轮和一条挠性的闭合链条所组成，依靠链和链轮轮齿的啮合而传动，见图3-13。其特点是可以在传动大扭矩时避免打滑，但传递大于额定扭矩时，如果链条卡住可能损坏电机。链传动主要用于传动速比准确或者两轴相距较远的场合。

图 3-13　链传动

（4）连杆传动

连杆传动是利用连杆机构传动动力的机械传动方式。在所有的传动方式中，连杆传动功能最多，可以将旋转运动转化为直线运动、往返运动、指定轨迹运动，甚至还可以指定经过轨迹上某点时的速度。连杆传动需要非常巧妙的设计，按照连架杆形式，可分为曲柄式和拨叉式两种，见图3-14。

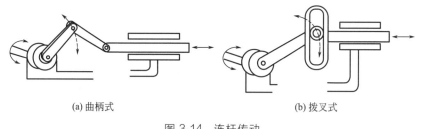

(a) 曲柄式　　　　　　　　　　　　(b) 拨叉式

图 3-14　连杆传动

这些传动装置需要在手指的每一个关节处添加单独的电机，并进行单独的控制，这样就导致了机械手的控制异常复杂，另外由于大量控制器件的使用，制造的成本也大大增加。因此，目前世界上机械手领域研究的一大热点就是如何用简便的控制来实现较多的自由度。欠驱动机构近年来已经迅速发展起来了，因为其可以实现用较少的驱动来控制较多的自由度，已经成为机器人末端执行器的研究热点，采用欠驱动原理设计的机械手合理地解决了多自由度和控制复杂之间的难题。

3.2.3　五指机械手

随着技术的发展，在以往机械手的基础上，1999 年，美国宇航中心（NASA）研制出第一个五指机械手，其目的是为了在危险的太空环境中替代人进行舱外操作。之后，英国 Shadow 公司研制了一种五指机械手，它是目前世界上第一个完全模仿人手自由度设计的机械手，并且在设计过程首次引入了机械手外形美化设计的理念，使得机械手在大众当中的认知度显著提高。图 3-15 和图 3-16 是五指机械手示意图，其中图 3-16 是上海大学制作的五指机械手。

(a)　　　　　　　(b)

图 3-15　五指机械手示意图

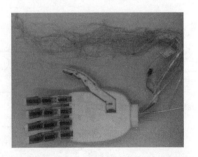

图 3-16　上海大学制作的五指机械手

　　近年来，五指机械手采用模块化设计，将机械、电气、传感等所有的部件都集成于手掌或手指内，实现了高度集成；并且利用多指手的灵巧特性和触觉感知，实现了机器人对多种形状物体的识别、抓取和自主操作，这使得服务机器人能更好地服务于人类。

3.3　其他执行单元

3.3.1　腕部

　　腕部用来连接操作机手臂和末端执行器，起支承手部和改变手部姿态的作用，见图 3-17。对于一般的机器人来说，与手部相连的手腕都具有独驱自转的功能，若手腕能在空间任取方位，那么与之相连的手部就可以在空间任取姿态，即达到完全灵活。

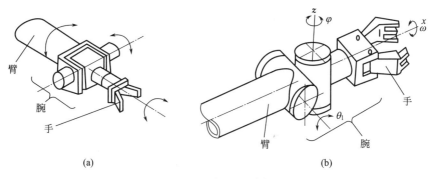

(a)　　　　　　　　　　　　(b)

图 3-17　机器人腕部

　　从驱动方式看，手腕一般有两种形式，即远程驱动和直接驱动。直接驱动是指驱动器安装在手腕运动关节的附近，直接驱动关节运动，因而传动路线短，传动刚度好，但腕部的尺寸和质量大，惯量大。远程驱动方式的驱动器安装在机器人的大臂、基座或小臂远端上，通过连杆、链条或其他传动机构间接驱动腕部关节运动，因而手腕的结构紧凑，尺寸和质量小，对改善机器人的整体动态性能有好处，但传动设计复杂，传动刚度也降低了。

　　按转动特点的不同，用于手腕关节的转动又可细分为滚转和弯转两种。滚转是指组成关节的两个零件自身的几何回转中心和相对运动的回转轴线重合，因而能实现 360°无障碍旋转的关节运动，通常用 R 来标记。弯转是指两个零件的几何回转中心和其相对转动轴线垂直的关节运动。由于受到结构的限制，其相对转动角度一般小于 360°。弯转通常用 B 来标记。

3.3.2　其他机械手

其他机械手主要是四指机械手，它由 4 个结构相同的手指组成，分别模仿人手的拇指、食指、中指和无名指，每个手指具有 3 个指节。

2001 年，德国卡尔斯鲁厄大学计算机系过程控制与机器人研究所（IPR）成功研制了 Karlsruhe Ⅱ 灵巧手，如图 3-18 所示。该手有 4 个手指和 1 个手掌，每个手指有 3 个独立的关节，4 个手指采用对称的，呈 90°均布在手掌上。其手指装有六维力矩传感器，并在手掌上安装了 3 个激光测距传感器，传感器的预处理电路和电机驱动电路置于手指内。Karlsruhe Ⅱ 灵巧手采用分级控制的思想，是多处理器控制系统的典型代表，采用 Siemens 嵌入式 16 位单片机 C167 作为底层控制器，用以处理底层的输入输出信号。其中 4 个 C167 负责控制 4 个手指，1 个 C167 控制目标状态传感器（激光测距传感器），通过 CAN 总线与主处理器以 1Mbit/s 进行同步串行通信。主处理器采用并行计算模式，共有 6 个工业单板 PC（PC104 标准），4 个分别控制每个手指，1 个控制激光传感器并计算目标位置，1 个用于协调整个控制系统。

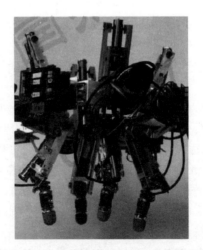

图 3-18　电机驱动的 Karlsruhe Ⅱ 灵巧手

3.3.3　其他机械臂

冗余自由度机器人是指含有自由度数（主动关节数）多于完成某一作业任务所需最少自由度数的一类机器人[8]。七自由度机械臂是一种典型的冗余自由度机器人。在大多数工作环境下，非冗余自由度机械臂能够基本实现工作空间内的任务要求，但是无法避免工作空间存在的奇异位形以及躲避任务空间中存在的障碍。而冗余度机械臂由于存在自运动性，从而可以避免工作空间中的奇异位形和避障的问题。另外，冗余度机械臂的运动灵活性能够防止运动超限以及改善动力学性能等。

科研人员归纳了冗余度机械臂结构设计的 4 个标准。

① 有利于消除工作空间内部的奇异位形，这也是结构设计的先决条件。

② 最优化的工作空间，即增加的自由度能够尽可能地解决避障问题。

③ 有利于简化运动学计算。

④ 有利于简化机构设计，即增加的关节必须对原来的机构设计的影响减到最小。

冗余自由度机器人具有较高的研究及应用价值，也是未来智能化机器人的重要发展方向。

根据服务机器人在不同场合的应用，搭配不同的执行单元，本章综合分析了机械臂与机械手，实际应用中需要根据情况特定制作。

参考文献

［1］ 项有元，陈万米，邹国柱. 基于 D-H 算法的自主机器人机械臂建模方法研究 ［J］. 工业控制计算机，2014，27(7)：113-115.

［2］ 王燕，陈万米，范彬彬，等. 基于空间代价地图的机械臂无碰撞运动规划[J]. 计算机工程与科学，2016，38(9)：1878-1886.

［3］ 杨丽红，秦绪祥，蔡锦达，等. 工业机器人定位精度标定技术的研究[J]. 控制工程，2013，20(4)：785-788.

［4］ 李铁明，林海. 机器人机械手爪的开发与研究[J]. 科技风，2015(8)：100-100.

［5］ 杨先碧. 全能机器人[J]. 检察风云，2015 (18)：94-95.

［6］ 赵晨彤，郭越. 啮合传动在机械领域的常见形式分析［J］. 科技展望，2017，27 (8)：53.

［7］ 徐方孟. 洗碗机传动系统设计与研究[J]. 现代商贸工业，2014(10)：190-191.

［8］ 卢月品，张含阳. 破局七轴工业机器人发展[J]. 机器人产业，2016(2)：35-41.

第4章

服务机器人的
驱动与控制

服务机器人的控制分为上层控制和底层控制，本章讲述服务机器人的底层控制。电机是驱动机器人运动的主要执行部件，一个机器人最主要的控制量就是控制机器人移动，无论是自身的移动还是前章节提到的手臂等关节的移动。机器人底层控制最根本的问题就是控制电机。有效控制电机，就可以控制服务机器人移动的距离和方向、机械手臂的弯曲程度或者移动的距离等。

4.1 电机的选择与分类

电机在工业控制中使用广泛，如图 4-1 所示为某型号直流电机。我们一般根据电机的分类来区别电机应用的场合。

电机通常按下述两个方面进行分类[1]。

① 按工作电源种类，可分为直流电机和交流电机。

a. 直流电机按结构及工作原理可划分为无刷直流电机和有刷直流电机。

b. 交流电机按相数可分为单相电机和三相电机。

② 按结构和工作原理，可分为直流电机、异步电机、同步电机。其中，异步电机和同步电机属于三相交流电机。

a. 同步电机可划分为永磁同步电机、磁阻同步电机和磁滞同步电机。

b. 异步电机可划分为感应电机和交流换向器电机。

c. 感应电机可划分为三相异步电机、单相异步电机和罩极异步电机等。

图 4-1　某型号直流电机

在服务机器人的运动控制中经常会用到直流电机，后续的介绍我们也将基于直流电机展开。因此，有必要在这里简单介绍一下直流电机的工作原理。直流电机通常分为两部分：定子和转子。在直流有刷电机中，定子由主磁极、机座、电刷装置等固定部件构成，转子包括环形电枢铁芯以及绕在铁芯上的电枢绕组、换向器。图 4-2 所示为两极直流有刷电机，它的固定部分装设了一对直流励磁的静止的主磁极 N 和 S，在旋转部分上装设电枢铁芯。定子与转子之间有一气隙。在电枢铁芯上放置了由 A 和 X 两根导体连成的电枢线圈，线圈的首端和末端分别连到两个圆弧形的铜片上，此铜片称为换向片。换向片之间互相绝缘，由换向片构成的整体称为换向器。换向器固定在转轴上，换向片与转轴之间亦互相绝缘。在换向片上放置着一对固定不动的电刷 B_1 和 B_2，当电枢旋转时，电枢线圈通过换向片和电刷与外电路接通[1]。

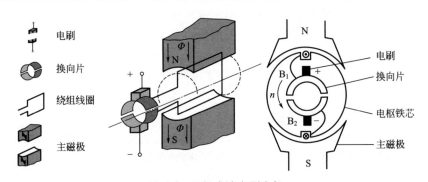

图 4-2 两极直流有刷电机

当给直流电机的电刷加上直流电后，绕在铁芯上的电枢绕组线圈则有电流流过，根据电磁力定律，载流导体将会受到电磁力的作用，方向可由左手定则判定。两段导体受到的力形成转矩，于是转子就会逆时针转动。

与直流有刷电机不同的是，直流无刷电机没有换向器（即电刷）。直流无刷电机的定子是由 2～8 对永磁体按照 N 极和 S 极交替排列在转子周围构成的，通过霍尔元件代替电刷，感知永磁体（转子）磁极的位置，根据这种感知，使用电子线路，适时切换线圈中电流的方向，保证产生正确方向的磁力，以驱动电机[2]。

直流无刷电机可谓后起之秀，与传统的有刷电机相比，具有效率高、能耗低、噪声低、寿命长、可靠性高、相对低成本且简单易用等优势。

在实际的操作过程中，机器人常会面临一些复杂的运动，这对电机的动力荷载有很大影响，因此，电机的选择就变得尤为重要。首先要选出满足给定负载要求的电机，然后再从中按价格、重量、体积等经济和技术指标选择最适合的电机[1]。

（1）负载/电机惯量比

正确设定惯量比参数是充分发挥机械及伺服系统最佳效能的前提，此点在要求高速精度的系统上表现尤为突出。伺服系统参数的调整跟惯量比有很大的关系，若负载电机惯量比过大，伺服参数调整越趋于边缘化，也越难调整，振动抑制能力也越差，所以控制易变得不稳定。在没有自适应调整的情况下，伺服系统的默认参数在 1～3 倍负载电机惯量比下，系统会达到最佳工作状态，这样，就有了负载电机惯量比的问题，也就是我们一般所说的惯量匹配，如果电机惯量和负载惯量不匹配，就会在电机惯量和负载惯量之间动量传递时发生较大的冲击。

$$T_M - T_L = (J_M + J_L)\alpha \tag{4-1}$$

式中　T_M——电机所产生的转矩；

　　　　T_L——负载转矩；

　　　　J_M——电机转子的转动惯量；

　　　　J_L——负载的总转动惯量；

　　　　α——角加速度。

由式（4-1）可知，角加速度 α 影响系统的动态特性，α 越小，则由控制器发出的指令到系统执行完毕的时间越长，系统响应速度就越慢；如果 α 变化，则系统响应就会忽快忽慢，影响机械系统的稳定性。由于电机选定后最大输出力矩值不变，如果希望 α 的变化小，则 $J_M + J_L$ 应该尽量小。J_M 为伺服电机转子的转动惯量，伺服电机选定后，此值就为定值，而 J_L 则根据不同的机械系统类型可能是定值，也可能是变值。如果 J_L 是变值的机械系统，我们一般希望 $J_M + J_L$ 变化量较小，所以我们就希望 J_L 在总的转动惯量中占的比例就小些，这就是我们常说的惯量匹配。

通过以上分析可知：转动惯量对伺服系统的精度、稳定性、动态响应都有影响。惯量越小，系统的动态性能反应越好；惯量大，系统的机械常数大，响应慢，会使系统的固有频率下降，容易产生谐振，因而限制了伺服带宽，影响伺服精度和响应速度，也越难控制。惯量的适当增大只有在改善低速爬行时有利，因此，在不影响系统刚度的条件下，应尽量减小惯量。机械系统的惯量需要和电机惯量相匹配才行，负载电机惯量比是一个系统稳定性的问题，与电机输出转矩无关，是电机转子和负载之间冲击、松动的问题。不同负载电机惯量比的电机可控性和系统动态特性如下。

① 一般情况下，当 $J_L \leqslant J_M$ 时，电机的可控性好，系统的动态特性好。

② 当 $J_M < J_L \leqslant 3J_M$ 时，电机的可控性会稍微降低，系统的动态特性较好。

③ 当 $J_L > 3J_M$ 时，电机的可控性会明显下降，系统的动态特性一般。

不同的机械系统，对惯量匹配原则有不同的选择，且有不同的作用表现，但大多要求负载惯量与电机惯量的比值小于 10。总之，惯量匹配需要根据具体机械系统的需求来确定。

（2）转速

电机选择首先应依据机械系统的快速行程速度来计算，快速行程的电机转速应严格控制在电机的额定转速之内，并应在接近电机的额定转速的范围使用。伺服电机工作在最低转速和最大转速之间时为恒转矩调速，工作在额定转速和最大转速之间时为恒功率调速。恒功率调速是指电机低速时输出转矩大，高速时输出转矩小，即输出功率是恒定的；恒转矩调速是指电机高速、低速时输出转矩一样大，即高速时输出功率大，低速时输出功率小。

（3）转矩

伺服电机的额定转矩必须满足实际需要，但是不需要留有过多的余量，因为一般情况下，其最大转矩为额定转矩的 3 倍。

需要注意的是，连续工作的负载转矩小于或等于伺服电机的额定转矩，机械系统所需要的最大转矩小于伺服电机输出的最大转矩。

（4）短时间特性（加减速转矩）

除连续运转区域外，还有短时间内的运转特性（如电机加减速），用最大转矩表示，即使容量相同，最大转矩也会因各电机而有所不同。最大转矩影响驱动电机的加减速时间常数，使用式（4-2）可以估算线性加减速时间常数 t_α。

$$t_\alpha = \frac{(J_L + J_M)n}{95.5 \times (0.8T_{max} - T_L)} \tag{4-2}$$

式中　n——电机设定速度，r/min；

　　　J_L——电机轴换算负载惯量，kg·cm^2；

　　　J_M——电机惯量，kg·cm^2；

　　　T_{max}——电机最大转矩，N·m；

　　　T_L——电机轴换算负载转矩，N·m。

（5）连续特性（连续实效负载转矩）[2]

对要求频繁启动、制动的工作场合，为避免电机过热，必须检查它在一个周期内电机转矩的均方根值，并使它小于电机连续额定转矩。在选择的过程中依次计算这些要素来确定电机型号，如果其中一个条件不满足，则应采取适当的措施，如变更电机系列或提高电机容量等。

4.2　电机的控制

4.2.1　直流电机的基本特性

如图 4-3 所示，直流电机在一定的电压下，转速与转矩成反比；如果改变电压，则转速转矩线随着电压的升降而升降。当机器人上的负载一定时（即转矩一定时），降低电压，对应的转速也跟着降低，这样就可以实现电机的调速了。

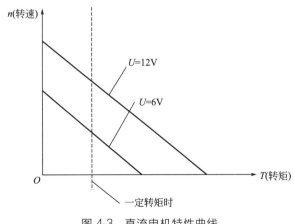

图 4-3　直流电机特性曲线

4.2.2　转速控制

在服务机器人的运动控制中，常采用改变电机两端电压大小的方式来改变电机的转速[2]。简单来讲，就是采用不同的脉宽来调节平均电压的高低，进而调节电机的转速，如图 4-4 所示，我们常把这种方式叫作脉冲宽度调制（简称脉宽调制，pulse width modulation，PWM）。

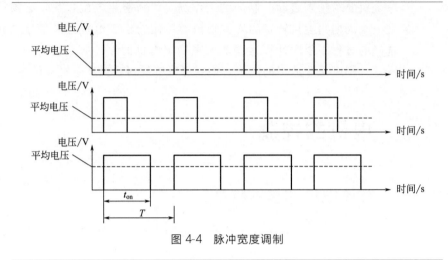

图 4-4 脉冲宽度调制

脉冲宽度调制通过改变电机电枢电压接通与断开的时间的占空比来控制电压的大小，它是一种对模拟信号电平进行数字编码的方法。通过高分辨率计数器的使用，方波的占空比被调制用来对一个具体模拟信号的电平进行编码[2]。PWM 信号仍然是数字的，因为在给定的任何时刻，满幅值的直流供电要么完全有（ON），要么完全无（OFF）。电压或电流源是以一种通（ON）或断（OFF）的重复脉冲序列被加到模拟负载上去的。通的时候即直流供电被加到负载上的时候，断的时候即供电被断开的时候。只要带宽足够，任何模拟值都可以使用 PWM 进行编码。

对于直流电机调速系统，使用 PWM 进行调速是极为方便的。其方法是通过改变电机电枢电压导通时间与通电时间的比值（即占空比）来控制电机速度。PWM 驱动装置是利用大功率晶体管的开关特性来调制固定电压的直流电源，按一个固定的频率来接通和断开，并根据需要改变一个周期内"接通"与"断开"时间的长短，通过改变直流伺服电机电枢上电压的"占比空"来改变平均电压的大小，从而控制电机的转速。因此，这种装置又称为"开关驱动装置"[3]。

PWM 控制的示意图如图 4-5 所示，可控开关 S 以一定的时间间隔重复地接通和断开。当 S 接通时，供电电源 U_S 通过开关 S 施加到电机两端，电源向电机提供能量，电机储能；当开关 S 断开时，中断了供电电源 U_S 向电机电流继续流通。

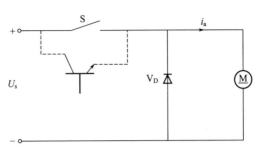

图 4-5　PWM 控制示意图

这样，电机得到的电压平均值 U_{as} 为：

$$U_{as} = t_{on} U_s / T = \alpha U_s \qquad (4\text{-}3)$$

式中　t_{on}——开关每次接通的时间；

　　　T——开关通断的工作周期（即开关接通时间 t_{on} 和关断时间 t_{off} 之和）；

　　　α——占空比，$\alpha = t_{on} / T$。

由式(4-3) 可见，改变开关接通时间 t_{on} 和开关周期 T 的比例也即改变脉冲的占空比，电机两端电压的平均值随之改变，因而电机转速得到了控制。PWM 调速原理如图 4-6 所示。

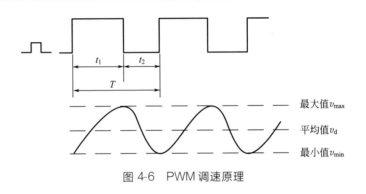

图 4-6　PWM 调速原理

在脉冲作用下，当电机通电时，速度增加；电机断电时，速度逐渐减少。只要按一定规律，改变通、断电时间，即可让电机转速得到控制。设电机永远接通电源时，其转速最大为 v_{max}，则电机的平均速度为：

$$v_d = v_{max} \alpha \qquad (4\text{-}4)$$

式中　v_d——电机的平均速度；

v_{max}——电机全通时的速度（最大）；

α——占空比。

平均速度 v_d 与占空比 α 的特性曲线如图 4-7 所示。

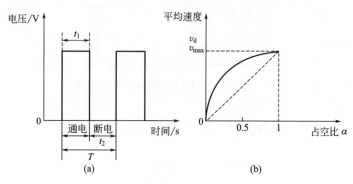

图 4-7　平均速度和占空比的特性曲线

由图 4-7 可以看出，v_d 与占空比 α 并不是呈完全线性关系（图中实线），当系统允许时，可以将其近似地看成线性关系（图中虚线），因此也就可以看成电机电枢电压与占空比 α 成正比，改变占空比的大小即可控制电机的速度。

由以上叙述可知，电机的转速与电机电枢电压成比例，而电机电枢电压与控制波形的占空比成正比，因此电机的速度与占空比成比例，占空比越大，电机转得越快，当占空比 $\alpha=1$ 时，电机转速最大。

4.2.3　转向控制

在机器人的运动控制中，常采用驱动电路或外置电机驱动器来改变电机的转向。下面分别来介绍这两种方式。

（1）H 桥式驱动电路

驱动电路是主电路与控制电路之间的接口，直流电机驱动电路使用最广泛的就是 H 型全桥式电路，如 L298N。这种驱动电路可以很方便地实现直流电机的四象限运行，分别对应正转、正转制动、反转、反转制动。如图 4-8 所示为一个典型的 H 桥式直流电机控制电路。电路得名于"H 桥式驱动电路"是因为它的形状酷似字母 H。4 个三极管组成 H 的 4 条垂直腿，而电机就是 H 中的横杠。

要使电机运转，必须导通对角线上的一对三极管。根据不同三极管的导通情况，电流可能会从左至右或从右至左流过电机，从而控制电机的转向。

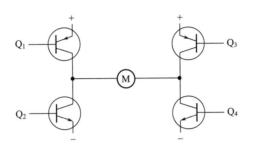

图 4-8　H 桥式电机驱动电路

驱动电机时，保证 H 桥上两个同侧的三极管不会同时导通非常重要。如果三极管 Q_1 和 Q_2 同时导通，那么电流就会从正极穿过两个三极管直接回到负极。此时，电路中除了三极管外没有其他任何负载，因此电路上的电流就可能达到最大值（该电流仅受电源性能限制），甚至烧坏三极管。

基于上述原因，在实际驱动电路中通常要用硬件电路方便地控制三极管的开关。图 4-9 所示就是基于这种考虑的改进电路，它在基本 H 桥电路的基础上增加了 4 个与门和 2 个非门。4 个与门同一个 "使能" 导通信号相接，这样，用这一个信号就能控制整个电路的开关。而 2 个非门通过提供一种方向输入，可以保证任何时候在 H 桥的同侧腿上都只有一个三极管能导通。

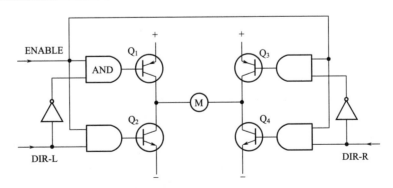

图 4-9　具有使能控制和方向逻辑的 H 桥电路

采用以上方法，电机的运转只需要用 3 个信号控制：两个方向信号和一个使能信号。如图 4-10 所示，如果 DIR-L 信号为 0，DIR-R 信号为 1，并且使能信号是 1，那么三极管 Q_1 和 Q_4 导通，电流从左至右流经电机；如果 DIR-L 信号变为 1，而 DIR-R 信号变为 0，那么 Q_2 和 Q_3 将导通，电流则反向流过电机。

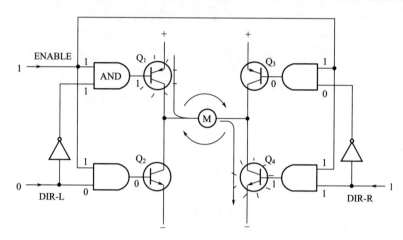

图 4-10　使能信号与方向信号的使用

实际使用的时候，用分立件制作 H 桥式比较麻烦，现在市面上有很多封装好的 H 桥集成电路，接上电源、电机和控制信号就可以使用，在额定的电压和电流内使用非常方便可靠。比如常用的 L293D、L298N、TA7257P、SN754410 等。

（2）电机驱动器

① 直流伺服电机驱动器。直流伺服电机驱动器多采用脉宽调制（PWM）伺服驱动器，通过改变脉冲宽度来改变加在电机电枢两端的平均电压，从而改变电机的转速。直流伺服电机驱动器如图 4-11 所示。

PWM 伺服驱动器具有调速范围宽、低速特性好、响应快、效率高、过载能力强等特点，在工业机器人中常作为直流伺服电动机驱动器。

② 同步式交流伺服电机驱动器。同直流伺服电机驱动系统相比，同步式交流伺服电机驱动器具有转矩转动惯量比高、无电刷及换向火花等优点，在工业机器人中得到广泛应用。交流伺服电机驱动器如图 4-12 所示。

图 4-11 直流伺服电机驱动器

图 4-12 交流伺服电机驱动器

同步式交流伺服电机驱动器通常采用电流型脉宽调制（PWM）三相逆变器和具有电流环为内环、速度环为外环的多闭环控制系统，以实现对三相永磁同步伺服电动机的电流控制。根据其工作原理、驱动电流波形和控制方式的不同，它又可分为两种伺服系统。

　　a. 矩形波电流驱动的永磁交流伺服系统。

　　b. 正弦波电流驱动的永磁交流伺服系统。

采用矩形波电流驱动的永磁交流伺服电机称为无刷直流伺服电机，采用正弦波电流驱动的永磁交流伺服电机称为无刷交流伺服电机。

一般情况下，交流伺服驱动器可通过对其内部功能参数进行人工设定而实现以下功能。

　　a. 位置控制方式。

　　b. 速度控制方式。

　　c. 转矩控制方式。

　　d. 位置、速度混合方式。

　　e. 位置、转矩混合方式。

f. 速度、转矩混合方式。

g. 转矩限制。

h. 位置偏差过大报警。

i. 速度 PID 参数设置。

j. 速度及加速度前馈参数设置。

③ 步进电机驱动器。步进电机是将电脉冲信号变换为相应的角位移或直线位移的元件，它的角位移和线位移量与脉冲数成正比，转速或线速度与脉冲频率成正比。在负载能力的范围内，这些关系不因电源电压、负载大小、环境条件的波动而变化，误差不长期积累。步进电机驱动器可以在较宽的范围内，通过改变脉冲频率来调速，实现快速启动、正反转制动。作为一种开环数字控制系统，步进电机驱动器在小型机器人中得到较广泛的应用。但由于其存在过载能力差、调速范围相对较小、低速运动有脉动、不平衡等缺点，一般只应用于小型或简易型机器人中。步进电机驱动器如图 4-13 所示。

图 4-13　步进电机驱动器

4.2.4　电机控制实例

智能小车（如图 4-14 所示）可以按照预先设定的模式在一个环境里自动地运作，不需要人为管理，可应用于科学勘探、搬运、救灾等活动中，是以后的发展方向。智能小车能够实时显示时间、速度、里程，具有自动寻迹、寻光、避障，可程控行驶速度、准确定位停车、远程传输图像等功能。

本节介绍 PWM（脉冲宽度调制）驱动智能小车的过程。PWM 控制通常配合桥式驱动电路实现直流电机调速，非常简单，且调速范围大，它的原理就是直流斩波原理。下面先介绍一下 H 桥驱动电路的驱动过程。

在该智能小车系统中，主要采用的就是 H 桥驱动电路，即采用 L298N 驱动电路来实现电机转向的控制。L298N 的工作原理和以上介绍的 H 桥相同，图 4-15 为 L298N 的外部引脚图。

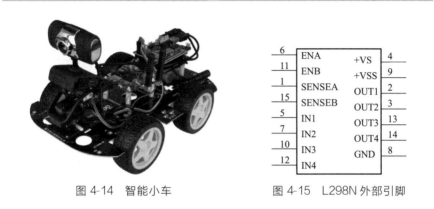

图 4-14　智能小车　　　　　　　图 4-15　L298N 外部引脚

L298N 驱动电机示意图如图 4-16 所示。

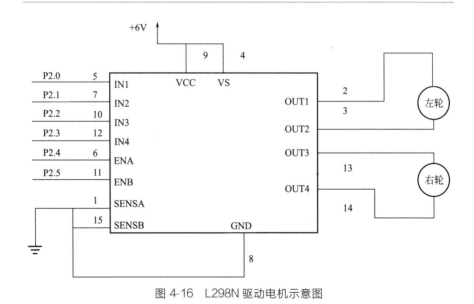

图 4-16　L298N 驱动电机示意图

在驱动电路中，主要利用单片机 P2.4 和 P2.5 端口输出 PWM 波形控制电机转速。P2.0～P2.3 输出状态值控制电机转向。电机的转速与电机两端的电压成比例，而电机两端的电压与控制波形的占空比成正比，因此电机的速度与占空比成比例。占空比越大，电机转得越快，当占空比 $\alpha=1$ 时，电机转速最大。PWM 控制波形可以通过模拟电路或数字电路实现，例如用 555 搭成的触发电路，但是，这种电路的占空比不能自动调节，不能用于自动控制小车的调速。而目前使用的大多数单片机都可以直接输出这种 PWM 波形，或通过时序模拟输出，最适合小车的调速。以凌阳公司的 SPCE061 单片机为例，它是 16 位单片机，频率最高达到 49MHz，可提供 2 路 PWM 直接输出，频率可调，占空比 16 级可调，控制电机的调速范围大，使用方便。SPCE061 单片机有 32 个 I/O 口，内部设有 2 个独立的计数器，完全可以模拟任意频率、占空比随意调节的 PWM 信号输出，用以控制电机调速。在实际制作过程中，控制信号的频率不需要太高，一般在 400Hz 以下为宜，占空比 16 级调节也完全可以满足调速要求，并且在小车行进的过程中，占空比不应该太高，在直线前进和转弯的时候应该区别对待。若车速太快，则在转弯的时候，方向不易控制；而车速太慢，则很浪费时间，这时可以根据具体情况慢慢调节。

4.3 服务机器人的控制

我们从前述内容中了解到，有效控制电机是实现对服务机器人底层控制最关键的一步。那么如何实现对电机的精确控制则是本节需要探讨的问题。通常来说，无论在工业应用还是在家庭领域中，控制电机最有效、最核心的方法就是采用高效的控制算法，以下介绍几种常用的电机控制算法。

4.3.1 经典 PID 控制

PID 控制器由于结构简单、使用方便、鲁棒性强等优点，在工业控制中得到了广泛的应用，但由于传统 PID 控制器的结构还不完美，普遍存在积分饱和，过渡时间与超调量之间矛盾大等缺点，所以改进传统 PID 控制器也就成了人们研究的热点。本节主要介绍 PID 控制器的基本原理、基本结构，PID 控制器参数对控制性能的影响和控制规律的选择。

（1）PID 控制器的基本结构和基本原理

PID 控制是一种基于偏差"过去、现在、未来"信息估计的有效而简单的控制算法[3]。常规 PID 控制系统原理如图 4-17 所示。

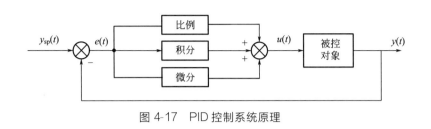

图 4-17　PID 控制系统原理

整个系统主要由 PID 控制器和被控对象组成。作为一种线性控制器，PID 控制器根据给定值 $y_{sp}(t)$ 和实际输出值 $y(t)$ 构成偏差，即：

$$e(t) = y_{sp}(t) - y(t) \tag{4-5}$$

然后对偏差按比例、积分和微分通过线性组合构成控制量，对被控对象进行控制，由图 4-17 得到 PID 控制器的理想算法：

$$u(t) = K_p \left[e(t) + \frac{1}{T_i} \int_0^t e(t)\mathrm{d}t + T_d \frac{\mathrm{d}e(t)}{\mathrm{d}t} \right] \tag{4-6}$$

或者写成传递函数的形式：

$$U(s) = K_p \left(1 + \frac{1}{T_i s} + T_d s \right) E(s) \tag{4-7}$$

式中　K_p, T_i, T_d——PID 控制器的比例增益、积分时间常数和微分时间常数。

式（4-6）和式（4-7）是我们在各种文献中最常看到的 PID 控制器的两种表达形式。各种控制作用（即比例作用、积分作用和微分作用）的实现在表达式中表述得很清楚，相应的控制器参数包括比例增益 K_p、积分时间常数 T_i 和微分时间常数 T_d。这 3 个参数的取值优劣影响到 PID 控制系统的控制效果好坏，以下将介绍这 3 个参数对控制性能的影响。

（2）PID 控制器参数对控制性能的影响

① 比例作用对控制性能的影响。比例作用的引入是为了及时成比例地反映控制系统的偏差信号 $e(t)$，系统偏差一旦产生，调节器立即产生与其成比例的控制作用，以减小偏差[3]。比例控制反应快，但在某些系统中，可能存在稳态误差。加大比例系数 K_p，系统的稳态误差减小，但稳定性可能变差。从图 4-18 可以看出，随着比例系数 K_p 的增大，稳态误差减小；同时，动态性能变差，振荡比较严重，超调量增大。

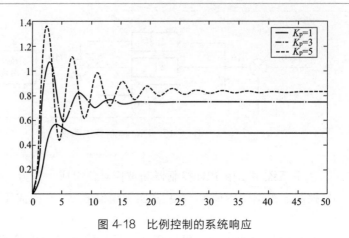

图 4-18　比例控制的系统响应

②　积分作用对控制性能的影响。积分作用的引入是为了使系统消除稳态误差，提高系统的无差度，以保证实现对设定值的无静差跟踪[3]。假设系统已经处于闭环稳定状态，此时的系统输出和误差量保持为常值 U_0 和 E_0。则由式(4-6)可知，当且仅当动态误差 $e(t)=0$ 时，控制器的输出才为常数。因此，从原理上看，只要控制系统存在动态误差，积分调节就产生作用，直至无差，积分作用就停止，此时积分调节输出为一常值。积分作用的强弱取决于积分时间常数 T_i 的大小，T_i 越小，积分作用越强；反之，则积分作用越弱。积分作用的引入会使系统稳定性下降，动态响应变慢。从图 4-19 可以看出，随着积分时间常数 T_i 减小，静差减小；但是过小的 T_i 会加剧系统振荡，甚至使系统失去稳定。实际应用中，积分作用常与另外两种调节规律相结合，组成 PI 控制器或者 PID 控制器。

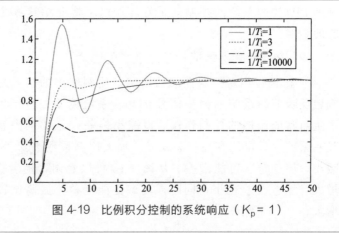

图 4-19　比例积分控制的系统响应（$K_p = 1$）

　　③ 微分作用对控制性能的影响。微分作用的引入，主要是为了改善控制系统的响应速度和稳定性。微分作用能反映系统偏差的变化律，预见偏差变化的趋势，因此能产生超前的控制作用[3]。直观而言，微分作用能在偏差还没有形成之前，就已经消除偏差。因此，微分作用可以改善系统的动态性能。微分作用的强弱取决于微分时间 T_d 的大小，T_d 越大，微分作用越强，反之则越弱。在微分作用合适的情况下，系统的超调量和调节时间可以被有效地减小。从滤波器的角度看，微分作用相当于一个高通滤波器，因此它对噪声干扰有放大作用，而这是我们在设计控制系统时不希望看到的。所以我们不能一味地增加微分调节，否则会对控制系统抗干扰产生不利的影响。此外，微分作用反映的是变化率，当偏差没有变化时，微分作用的输出为零。从图 4-20 可以看出，随着微分时间常数 T_d 增加，超调量减小。

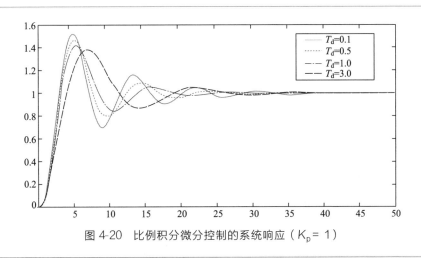

图 4-20　比例积分微分控制的系统响应（$K_p = 1$）

（3）控制规律的选择

　　PID 控制器参数整定的目的就是按照给定的控制系统，求得控制系统质量最佳的调节性能。PID 参数的整定直接影响到控制效果，合适的 PID 参数整定可以提高自控投用率，增加装置操作的平稳性。对于不同的对象，闭环系统控制性能的不同要求，通常需要选择不同的控制方法、控制器结构等。大致上，系统控制规律的选择主要有下面几种情况。

　　① 对于一阶惯性的对象，如果负荷变化不大、工艺要求不高，可采用比例控制。

　　② 对于一阶惯性加纯滞后对象，如果负荷变化不大，控制要求精度较高，可采用比例积分控制。

③ 对于纯滞后时间较大，负荷变化也较大，控制性能要求较高的场合，可采用比例积分微分控制。

④ 对于高阶惯性环节加纯滞后对象，负荷变化较大，控制性能要求较高时，应采用串级控制、前馈-反馈、前馈-串级或纯滞后补偿控制。

4.3.2　智能 PID 整定概述

PID 控制具有结构简单、稳定性好、可靠性高等优点，尤其适用于可建立精确数学模型的确定性控制系统。在控制理论和技术飞速发展的今天，工业过程控制领域仍有近 90％ 的回路在应用 PID 控制策略。PID 控制中一个关键的问题便是 PID 参数的整定。但是在实际应用中，许多被控过程机理复杂，具有高度非线性、时变不确定性和纯滞后等优点。在噪声、负载扰动等因素的影响下，过程参数甚至模型结构均会随时间和工作环境的变化而变化。这就要求在 PID 控制中，不仅 PID 参数的整定不依赖于对象数学模型，并且 PID 参数能够在线调整，以满足实时控制的要求。智能控制（intelligent control）是一门新兴的理论和技术，它是传统控制发展的高级阶段，主要用来解决那些传统方法难以解决的控制对象参数在大范围变化的问题。智能控制是解决 PID 参数在线调整问题的有效途径[4]。

近年来，智能控制无论是理论上还是应用技术上均得到了长足的发展，将智能控制方法和常规 PID 控制方法融合在一起的新方法也不断涌现，形成了许多形式的智能 PID 控制器。它吸收了智能控制与常规 PID 控制两者的优点。首先，它具备自学习、自适应、自组织的能力，能够自动辨识被控过程参数、自动整定控制参数，能够适应被控参数的变化。其次，它又具备常规 PID 控制器结构简单、鲁棒性强、可靠性高、为现场工程设计人员所熟悉等特点。本节介绍几种常见的智能 PID 控制器的参数整定和构成方式，包括继电反馈、模糊 PID、神经网络 PID、参数自整定和专家 PID 控制及基于遗传算法的 PID 控制。

（1）基于模糊 PID 控制（Fuzzy-PID）的参数自整定

"模糊性"主要是指事物差异的中间过渡中的"不分明性"。所谓模糊控制，就是将工艺操作人员的经验加以总结，运用语言变量和模糊逻辑的归纳制算法的控制[3]。模糊集理论是由美国控制理论专家查德教授于 1965 年首次提出来的。1974 年英国马丹尼首先把 Fuzzy 集理论用于锅炉和蒸汽机的控制。1974 年以来，我国科学工作者对模糊理论的研究及其应用也做了大量的工作，并取得了可喜的成果。在工业上，有许多复杂对象，特别是对无法建立精确数学模型的工业对象的控制，用常规仪表控制效果不佳时，采用模糊控制可获得满意的效果。随着日趋复杂的生产过程，必须有一种能够模拟人脑的思维和创造能力的控制系统，以适应复杂而多变的环境。近期，人们分析研究了简单模糊控制存在的一些缺陷，设计出了几种高性能的模糊控制系统，包括：控制规则可调的模糊控制；具有积分作用的模糊控制；参数自调整的模糊控制；复合型模糊控制；自学习模糊控制。

PID 参数模糊自整定控制系统能在控制过程中对不确定的条件、参数、延迟和干扰等因素进行检测分析，采用模糊推理的方法实现 PID 参数、工艺的在线自整定。它不仅能保持常规 PID 控制系统的原理简单、使用方便、鲁棒性较强等特点，而且具有更大的灵活性、适应性、精确性等特性。典型的模糊自整定 PID 控制系统的结构如图 4-21 所示，系统包括一个常规 PID 控制器和一个模糊控制器。根据给定值和实际输出值，计算出偏差 e 和偏差的变化率 ec 作为模糊系统的输入，3 个 PID 参数的变化值作为输出，根据事先确定好模糊控制规则作出模糊推理，在线改变 PID 参数的值，从而实现 PID 参数的自整定，使得被控对象有良好的动、静态性能，而且计算量小，易于用单片机实现。

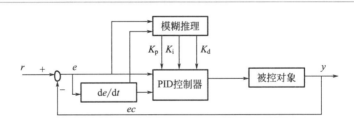

图 4-21　PID 参数模糊自整定控制器结构

（2）基于神经网络 PID（neural-network PID）的参数整定

所谓神经网络，是以一种简单计算处理单元（即神经元）为节点，采用某种网络拓扑结构构成的活性网络，可以用来描述几乎任意的非线性系统。神经网络还具有学习能力、记忆能力、计算能力以及各种智能处理能力，在不同程度和层次上模仿人脑神经系统的信息处理、存储和检索功能。神经网络在控制系统中的应用提高了整个信息系统的处理能力和适应能力，提高了系统的智能水平。由于神经网络已具有逼近任意连续有界非线性函数的能力，对于长期困扰控制界的非线性系统和不确定性系统来说，神经网络无疑是一种解决问题的有效途径[4]。采用神经网络方法设计的控制系统具有更快的速度（实时性）、更强的适应能力和更强的鲁棒性。

正因为如此，近年来在控制理论的所有分支都能够看到神经网络的引入及应用，当然，对于传统的 PID 控制也不例外，以各种方式应用于 PID 控制的新算法大量涌现，其中有一些取得了明显的效果。传统的控制系统设计是在系统数学模型已知的基础上进行的，因此，它设计的控制系统与数学模型的准确性有很大的关系。神经网络用于控制系统设计则不同，它可以不需要被控对象的数学模型，只需对神经网络进行在线或离线训练，然后利用训练结果进行控制系统的设计。神经网络用于控制系统设计有多种类型、多种方式，既有完全脱离传统设计的方法，也有与传统设计手段相结合的方式。基于神经网络的自适应 PID 控制系统如图 4-22 所示。

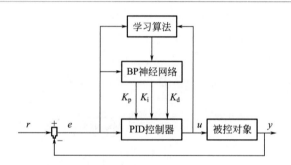

图 4-22　基于神经网络的自适应 PID 控制系统

PID 控制要取得好的控制效果，就必须通过调整好比例、积分和微分 3 种控制作用在形成控制量中相互配合又相互制约的关系，这种关系不一定是简单的"线性组合"，而是从变化无穷的非线性组合中找出最佳的关系。BP 神经网络具有逼近任意非线性函数的能力，而且结构和学习算法简单明确。通过网络自身的学习，可以找到某一最优控制规律下的 P、I、D 参数。基于 BP（back propagation）神经网络的 PID 控制系统控制器由两部分组成：a.经典的 PID 控制器，指直接对被控对象进行闭环控制，并且 3 个参数在线调整的方式。b. BP 神经网络，指根据系统的运行状态，调节 PID 控制器的参数，以达到某种性能指标的最优化，即使输出层神经元的输出状态对应于 PID 控制器的 3 个可调参数，通过神经网络的自身学习、加权系数调整，从而使其稳定状态对应于某种最优控制规律下的 PID 的控制器参数。

（3）基于神经网络的模糊 PID 控制

将模糊控制具有的较强的逻辑推理功能、神经网络的自适应、自学习功能以及传统 PID 的优点融为一体，构成基于神经网络的模糊 PID 系统。它包括 4 个部分：a. 传统 PID 控制部分，即直接对控制对象形成闭环控制；b. 模糊量化模块，即对系统的状态向量进行归档模糊量化和归一化处理；c. 辨识网络 NNM，用于建立被控系统中的辨识模型；d. 控制网络 NNC，指根据系统的状态，调节 PID 控制的参数，以达到某种性能指标最优。具体实现方法是使神经元的输出状态对应 PID 控制器的被调参数，通过自身权系数的调整，使其稳定状态对应某种最优控制规律下的 PID 控制参数。这种控制器对模型、环境具有较好的适应能力以及较强的鲁棒性，但是由于系统组成比较复杂，存在运算量大、收敛慢、成本较高的缺点。

基于神经网络的模糊 PID 控制系统如图 4-23 所示。

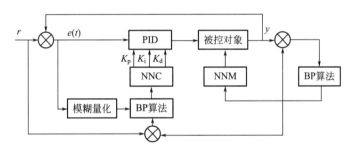

图 4-23　基于神经网络的模糊 PID 控制系统

（4）专家 PID 控制

基于专家系统的自适应 PID 控制系统如图 4-24 所示。它由参考模型、可调系统和专家系统组成。从原理上看，它是一种模型参考自适应控制系统。其中，参考模型由模型控制器和参考模型被控对象组成；可调系统由数字式 PID 控制器和实际被控对象组成。控制器的 PID 参数可以任意加以调整，当被控对象因环境原因而特性有所改变时，在原有控制器参数作用下，可调系统输出 $y(t)$ 的响应波形将偏离理想的动态特性。这时，利用专家系统以一定的规律调整控制器的 PID 参数，使 $y(t)$ 的动态特性恢复到理想状态。专家系统由知识库和推理机制两部分组成，它首先检测参考模型和可调系统输出波形特征参数差值，即广义误差 e。PID 自整定的目标就是调整控制器 PID 参数矢量 θ，使 θ 值逐步趋近于 θ_m（即 e 值趋近于 0）。

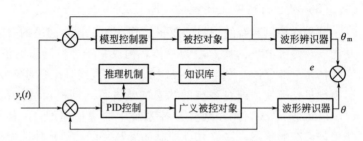

图 4-24　基于专家系统的自适应 PID 控制系统

该系统由于采用闭环输出波形的模式识别方法来辨别被控对象的动态特性，不必加持续的激励信号，因而对系统造成的干扰小。另外，采用参考模型自适应原理，使得自整定过程可以根据参考模型输出波形特征值的差值来调整 PID 参数，这个过程物理概念清楚，并且避免了被控对象动态特性计算错误而带来的偏差。

（5）基于遗传算法的 PID 控制（genetic algorithm PID）

遗传算法（genetic algorithm）是一种基于自然选择和基因遗传原理的迭代自适应概率性搜索算法。基本思想就是将待求解问题转换成由个体组成的演化群体和对该群体进行操作的一组遗传算子，包括 3 个基本操作：选择（selection）、交叉（crossover）、变异（mutation）。遗传算法的基本流程如图 4-25 所示。

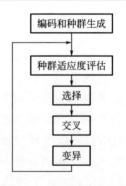

图 4-25　遗传算法的基本流程

基于遗传算法的 PID 控制具有以下特点。

① 把时域指标同频域指标做了紧密结合，鲁棒性和时域性能都得到良好保证。

② 采用了新型自适应遗传算法，收敛速度和全局优化能力大大提高。

③ 具有较强的直观性和适应性。

④ 较为科学地解决了确定参数搜索空间的问题，克服了人为主观设定的盲目性。基于遗传算法的 PID 控制系统原理如图 4-26 所示，图中省略了遗传算法的具体操作过程。其思想就是将控制器参数构成基因型，将性能指标构成相应的适应度，便可利用遗传算法来整定控制器的最佳参数，并且对系统是否为连续可微的、能否以显式表示不做要求[3]。

当遗传算法用于 PID 控制参数寻优时，其操作流程主要包括以下内容。

① 参数编码、种群初始化。

② 适应度函数的确定。

③ 通过复制、交叉、变异等算子更新种群。

④ 结束进化过程。

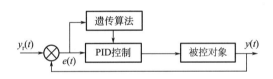

图 4-26 基于遗传算法的 PID 控制系统原理

本章介绍了电机的基本原理和选型原则、电机的驱动方式、PID 控制器对控制性能的影响、智能 PID 的整定方法。经过前面的讲解，相信大家对机器人的底层控制有了初步的认识。机器人底层控制的好坏直接影响到整个系统的控制性能，其重要性不言而喻。

参考文献

[1] 高钟. 机电控制工程. 第 2 版. 北京: 电子工业出版社, 2001.

[2] 柳洪义, 宋伟刚. 机器人技术基础. 北京: 冶金工业出版社, 2002.

[3] 王伟, 张晶涛, 柴天佑.PID 参数先进整定方法综述[J]. 自动化学报, 2000, 26(3): 347-356.

[4] 李人厚. 智能控制理论和方法[M]. 西安: 西安电子科技大学出版社, 1999.

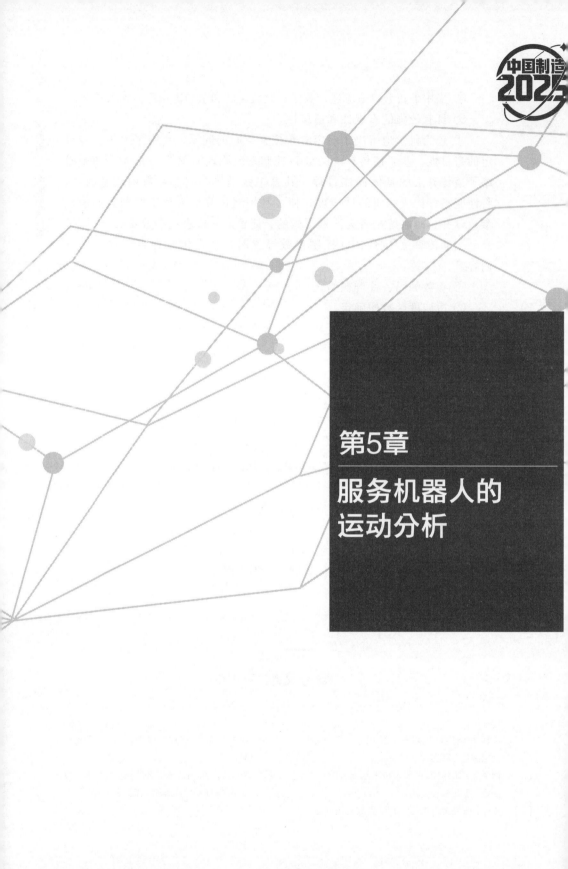

第5章

服务机器人的
运动分析

服务机器人若想更好地为人类服务，运动系统是基础。本章主要讲解服务机器人的运动学。现在国内外的服务机器人很多都采用全向移动的运动模式，和传统的差动运动相比，它可以朝任何方向做直线运动，而之前不需要做旋转运动，并且这种轮系可以满足一边做直线运动一边旋转的要求，达到最终状态所需要的任意姿态角。运动学可分为正向运动学和逆向运动学。正向运动学即给定服务机器人各关节变量，计算服务机器人末端的位置姿态；逆向运动学即已知服务机器人末端的位置姿态，计算服务机器人对应位置的全部关节变量。

要实现服务机器人的控制，必先掌握服务机器人的运动学模型，包括服务机器人运动的空间描述与坐标变换，服务机器人的运动模型，服务机器人的位置运动、动力学分析等。本章首先从理论上来描述服务机器人的运动，再结合具体服务机器人的实例来进行运动学分析。

5.1 服务机器人的位置运动学

在轮式服务机器人（或称自主移动服务机器人）的运动过程或机械臂运动过程中，需要准确地描述出服务机器人所处的环境中各个实体的几何关系，这些关系可以通过坐标系或者框架之间的变换来实现[1]。

5.1.1 位置方位描述

矢量 $\boldsymbol{P}_A$ 表示箭头指向点的位置矢量，其中右上角标"$\boldsymbol{P}_A$"表示该点是用 $\langle P_A \rangle$ 描述。

$$\boldsymbol{P}_A = \begin{bmatrix} p_x \\ p_y \\ p_z \end{bmatrix} \tag{5-1}$$

服务机器人的位置表示如图 5-1 所示。

自主移动服务机器人在运动过程中为了获得自己的位置，应对其自身的位置进行估计，也就是要确定在全局坐标系中服务机器人的位置和方向。$X_w Y_w$ 坐标系是服务机器人所在世界的坐标系（也就是全局坐标系），$X_r Y_r$ 坐标系是服务机器人移动时底盘的坐标系，$X_s Y_s$ 坐标系是服务机器人传感器所使用的坐标系。服务机器人的位置可用全局坐标系中的坐标 (x, y) 表示，这里仅仅考虑了二维平面的坐标，未考虑空间竖直坐标的变化，服务机器人方向可用服务机器人偏离全局坐标系 Y_w

轴方向的夹角 θ 来表示。θ 的方向定义为：设 Y_w 轴为 $0°$，逆时针方向为正，顺时针方向为负，且夹角的范围为 $[-\pi, \pi]$。

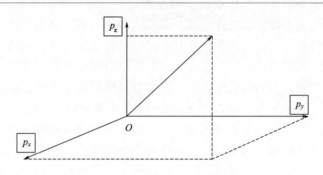

图 5-1　服务机器人的位置表示

假定服务机器人所在的室内环境是平整的，此时服务机器人的位姿可以表示为一个三维状态向量 $X_k = (x_k, y_k, \theta_k)$。$x_k$，$y_k$ 表示服务机器人的位置，θ_k 表示服务机器人的方向，如图 5-2 所示。

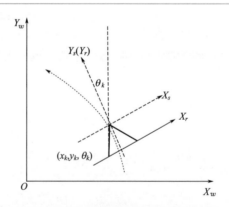

图 5-2　自主移动服务机器人坐标位置

5.1.2　位置信息与传感器

自主移动服务机器人用内部传感器对本身运动进行感知，这种类型的传感器有：激光、陀螺仪、惯导、加速度计、速度计、里程计等。其中，激光测量距离信息；陀螺仪检测角速度；惯导和加速度计检测加速度信息；速度计检测速度（但是相当多的情况下是由位移做差分来估计的）；里程计测量距离。内部传感器对服务机器人的位姿进行预测估计，通常用于跟踪服务机器人的运动轨迹。由于里程计具有采样速率高、价格便宜、小区间距离内能够保证精确的定位精度等优势,本书以里程计和激光作为服务机器人的内部传感器。

(1) 服务机器人运动控制模型

在自主移动服务机器人定位中,里程计是相对定位的传感器,根据驱动轮电机上的光电编码器的检测开关数来计算轮子在一定时间内转过的弧度,可计算出服务机器人位姿的变化。由于两轮(主动轮)式自主移动服务机器人的结构简单明晰,且应用较为广泛,这里以两轮式自主移动服务机器人作为研究对象,其他如三轮和四轮服务机器人可以通过矢量分解的方式等价为两轮式自主移动服务机器人。

如图 5-3 所示,设两轮式自主移动服务机器人的车轮半径为 r,光电码盘为 n 线/转,在 Δt 时间里光电码盘输出 N 个脉冲,则服务机器人车轮走过的距离 Δd(弧度)为:

$$\Delta d = 2\pi r(N/n) \tag{5-2}$$

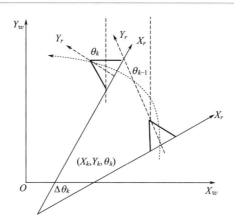

图 5-3 两轮式自主移动服务机器人运动控制模型

服务机器人两轮之间的距离为 b,假定检测出服务机器人左右轮的移动距离分别为 Δdl 和 Δdr,服务机器人从位姿 $X_{k-1}=(x_{k-1},y_{k-1},\theta_{k-1})$ 移动到 $X_k=(x_k,y_k,\theta_k)$,则服务机器人的移动距离为 $\Delta d_k=(\Delta dl+\Delta dr)/2$,服务机器人转过的角度为 $\Delta\theta_k=(\Delta dl-\Delta dr)/b$。用 $u(k)=(\Delta d_k,\Delta\theta_k)$ 作为里程计的控制输入参数,那么服务机器人的运动半径可表示为:

$$R_t = \frac{\Delta d_k}{\Delta\theta_k} \tag{5-3}$$

则自主移动服务机器人的里程计运动模型可以表示为：

$$X(k)=f(X(k-1),u(k))+w(k) \tag{5-4}$$

式中　$w(k)$——零均值高斯白噪声。

高斯白噪声（White Gaussian Noise）中的高斯是指概率分布是正态函数，而白噪声是指它的二阶矩不相关，一阶矩为常数，是指先后信号在时间上的相关性。高斯白噪声是分析信道加性噪声的理想模型，通信中的主要噪声源——热噪声就属于这类噪声。

（2）服务机器人传感器的观测模型

自主移动服务机器人利用对环境的感知信息，进行地图构建和自主导航。而服务机器人对外界环境信息的感知需要用到测距传感器，地图创建和导航的精确度会受到测距传感器性能好坏的影响。常用的测距传感器有 3 种：立体视觉传感器、声呐传感器和激光测距仪。本书重点介绍最常见的激光测距仪的观测模型。

激光测距仪属于主动式传感器，它是通过二极管向被检测目标发射激光，经目标反射后的激光向各个方向散射，激光测距仪接收器会接收一部分返回散射光，通过激光测距仪发射光与接收到的返回光的时间间隔 t 来计算物体与激光测距仪之间的距离：

$$r=\frac{ct}{2} \tag{5-5}$$

式中　c——光的速度。

相比于声呐传感器，激光测距仪的测量速度快，测量精度高，散射角比较小。而且由于光波的反射性可测得可靠的数据，激光测距仪测得的数据能直接表示真实距离。但是相比于摄像机而言，大部分激光测距仪价格较为昂贵，而且其检测到目标的信息只能是二维信息，相比于视觉传感器提供的丰富目标信息而言过于简单。另外，激光对物体表面的透射率和反射率较为敏感，很难感知某些透明的物体。由于激光测距仪具有测量精度高、测量速度快以及对室内环境光线和噪声不敏感等优点，利用激光测距仪创建的环境地图具有很高的精确度和鲁棒性。对周围环境的距离测量是自主移动服务机器人对环境进行描述的最基本手段，观测量 z 是测距传感器相对于某个环境特征的距离和方向，在笛卡儿坐标系和极坐标系中分别表示为：$z=(x,y)^{\mathrm{T}}$ 和 $z=(\rho,\theta)^{\mathrm{T}}$，如图 5-4 所示。

观测模型是传感器观测量与自主移动服务机器人位置之间的相互关系的函数，观测方程为：

$$z(k)=h(X(k))+v(k) \tag{5-6}$$

式中　$z(k)$——k 时刻观测量；

$h(X(k))$——观测系统的数学函数；

$v(k)$——观测噪声，通常指测量中的干扰噪声和模型本身的误差[2]。

通常 3 种观测方程用于自主移动服务机器人的研究中。

① 以相对于环境特征的距离和方向作为观测量的观测方程。

对测距传感器来说，通常用环境路标特征相对于传感器的距离 $\rho(k)$ 和方向 $\varphi(k)$ 来表示观测

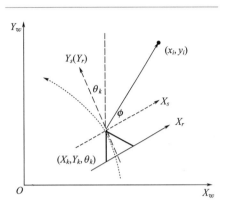

图 5-4　传感器观测模型

量。假定当前的传感器位置为 $X_s(k)=(x_s,y_s,\theta_s)^{\mathrm{T}}$，服务机器人位置为 $X(k)=(x_k,y_k,\theta_s)^{\mathrm{T}}$，某个环境路标特征的位置为 $X_i=(x_i,y_i)^{\mathrm{T}}$，则当前服务机器人的系统的观测模型为：

$$z(k)=\begin{pmatrix}\rho(k)\\\varphi(k)\end{pmatrix}=\begin{pmatrix}\sqrt{(x_i-x_s(k))^2+(y_i-y_s(k))^2}\\\arctan\dfrac{y_i-y_s(k)}{x_i-x_s(k)}-\theta_s(k)\end{pmatrix}+v(k)\quad(5\text{-}7)$$

② 以环境特征的局部坐标作为观测量的观测方程。

对于测距传感器而言，观测信息通常是用极坐标表示，但可以通过坐标变换实现从极坐标到笛卡儿坐标的变换。假设当前服务机器人的位置为 $X(k)$，某个环境特征在全局坐标系中的位置为 $X_i=(x_i,y_i)^{\mathrm{T}}$，在服务机器人坐标系中观测量的坐标 $X_l=(x_l,y_l)$，那么系统的观测模型在服务机器人坐标系中表示为：

$$z(k)=\begin{pmatrix}x_l(k)\\y_l(k)\end{pmatrix}=\begin{pmatrix}(y_i-y(k))\sin(\theta(k))+(x_i-x(k))\cos(\theta(k))\\(y_i-y(k))\cos(\theta(k))+(x_i-x(k))\sin(\theta(k))\end{pmatrix}+v(k)$$

$$(5\text{-}8)$$

③ 以环境特征的全局坐标作为观测量的观测方程。

对于测距传感器而言，用极坐标来表示观测信息，坐标变换将其变换成笛卡儿坐标。如果当前服务机器人的位置为 $X(k)$，在服务机器人坐标系中某个环境特征的坐标为 $X_l=(x_l,y_l)$，在全局坐标系中观测量坐标 $X_w(k)=(x_w,y_w)$，则在全局系统中的观测模型为：

$$z(k) = \begin{pmatrix} x_w \\ y_w \end{pmatrix} = \begin{pmatrix} x(k) + x_l \cos(\theta(k)) - y_l \sin(\theta(k)) \\ y(k) + x_l \sin(\theta(k)) - y_l \cos(\theta(k)) \end{pmatrix} + v(k) \quad (5\text{-}9)$$

在自主移动服务机器人 SLAM 算法中会用到环境特征的模型，在通常情况下，假定环境的特征是静止不动的，将其特征建模为点，将其在全局坐标系中的位置表示为 $x_i = (x_i, y_i)^T$，其中 $i = 1, 2, \cdots, m$；式中，m 为环境特征的数量。环境特征的模型可表示为：

$$\begin{pmatrix} x_i(k+1) \\ x_i(k+1) \end{pmatrix} = \begin{pmatrix} x_i(k) \\ y_i(k) \end{pmatrix} \quad (5\text{-}10)$$

5.1.3　坐标变换

坐标变换是空间实体的位置描述，是从一种坐标系统变换到另一种坐标系统的过程。通过建立两个坐标系统之间一一对应的关系来实现，在对服务机器人进行运动分析时通常需要坐标之间的变换。

（1）服务机器人坐标系

为整个服务机器人运动建立一个模型，是一个由底向上的过程。移动服务机器人中各单个轮子对服务机器人的运动作贡献，同时又对服务机器人运动施加约束。根据服务机器人底盘的几何特性，多个轮子是通过一定的机械结构连在一起的，所以它们的约束将联合起来，形成对服务机器人底盘整个运动的约束。这里，需要用相对清晰和一致的参考坐标系来表达各轮的力和约束。在移动服务机器人学中，由于它独立和移动的本质，需要在全局和局部参考坐标系之间有一个清楚的映射。我们从定义这些参考坐标系开始，阐述单独轮子和整个服务机器人的运动学之间的关系。

在整个分析过程中，把服务机器人建模成轮子上的一个刚体，运行在水平面上。

在平面上，该服务机器人底盘总的维数是 3 个；2 个为平面中的位置；1 个为沿垂直轴方向的转动，它与平面正交。当然，由于存在轮轴、轮的操纵关节和小脚轮关节，还会有附加的自由度和灵活性。然而就服务机器人底盘而言，我们只把它看作是刚体，忽略服务机器人和它的轮子间的关联和自由度。

为了确定服务机器人在平面中的位置，如图 5-5 所示，建立了平面全局参考坐标系和服务机器人局部参考坐标系之间的关系。将平面上任意一点选为原点 O，相互正交的 x 轴和 y 轴建立全局参考坐标系。为了确定服务机器人的位置，选择服务机器人底盘上一个点 C 作为它的位置参考点。通常 C 点与服务机器人的重心重合。基于 $\{x_R, y_R\}$ 定义服务机器人底盘上相对于 C 的两个轴，从而定义了服务机器人的局部参考坐标系。在全局参考坐标系上，C 的位置由坐标 x 和 y 确定，全局和局部参考坐标系之间的角度差由 θ 给定。可以将服务机器人的姿态描述为具有这 3 个元素的矢量：

$$\boldsymbol{\xi}_1 = \begin{bmatrix} x \\ y \\ \theta \end{bmatrix} \tag{5-11}$$

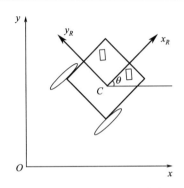

图 5-5　服务机器人坐标框架

为了根据分量的移动描述服务机器人的移动，需要把沿全局参考坐标系的运动映射成沿服务机器人局部参考坐标系轴的运动。该映射用如式(5-12) 所示的正交旋转矩阵完成。

$$\boldsymbol{R}(\boldsymbol{\theta}) = \begin{bmatrix} \sin\theta & \sin\theta & 0 \\ -\sin\theta & \sin\theta & 0 \\ 0 & 0 & 1 \end{bmatrix} \tag{5-12}$$

可以用该矩阵将全局参考坐标系 $\{x, y\}$ 中的运动映射到局部参考坐标系 $\{x_R, y_R\}$ 中的运动。其中 $\boldsymbol{\xi}_1$ 表示全局坐标系下服务机器人的运动状态矢量；$\boldsymbol{\xi}_R$ 表示局部坐标系下服务机器人的运动状态矢量：

$$\boldsymbol{\xi}_R = \boldsymbol{R}(\boldsymbol{\theta}) \boldsymbol{\xi}_1 \tag{5-13}$$

反之可得：

$$\boldsymbol{\xi}_1 = \boldsymbol{R}(\boldsymbol{\theta})^{-1} \boldsymbol{\xi}_1 \tag{5-14}$$

例如图 5-6 中的服务机器人，对该服务机器人，因为 $\theta = \dfrac{\pi}{2}$，可以很容易地计算出瞬时的旋转矩阵：

$$R\left(\frac{\pi}{2}\right) = \begin{bmatrix} 0 & 1 & 0 \\ -1 & 0 & 0 \\ 0 & 0 & 1 \end{bmatrix}$$

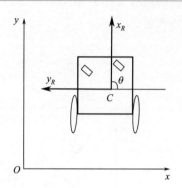

图 5-6   与全局轴并排的服务机器人

在这种情况下，由于服务机器人的特定角度，沿 x_R 的运动速度等于 $Y_{导}$，沿 y_R 的运动速度等于 $-x_{导}$。

$$\boldsymbol{\xi}_R = R\left(\frac{\pi}{2}\right)\boldsymbol{\xi}_1 = \begin{bmatrix} 0 & 1 & 0 \\ -1 & 0 & 0 \\ 0 & 0 & 1 \end{bmatrix} \begin{bmatrix} \dot{x} \\ \dot{y} \\ \dot{\theta} \end{bmatrix} = \begin{bmatrix} \dot{y} \\ -\dot{x} \\ \dot{\theta} \end{bmatrix} \tag{5-15}$$

(2) 纯平移变换的表示

变换中的纯平移指空间内一刚体或者一坐标系以恒定的姿态运动。坐标系纯平移时变化的只有坐标系原点相对于参考坐标系的位置，各坐标轴的姿态没有任何变化，如图 5-7 所示。可以用变换前坐标系的原点坐标加上表示变换的位移向量来描述变换后的坐标系的新坐标[3]。在用矩阵表示坐标系时，通常用原来坐标矩阵左乘变换矩阵得到。由于纯平移中方向向量恒定不变，我们可以用式(5-16)中矩阵表示变换矩阵 $\boldsymbol{T}$。

$$\boldsymbol{T} = \begin{bmatrix} 1 & 0 & 0 & d_x \\ 0 & 1 & 0 & d_y \\ 0 & 0 & 1 & d_z \\ 0 & 0 & 0 & 1 \end{bmatrix} \tag{5-16}$$

式中 d_x, d_y, d_z——纯平移向量 $\overline{d}$ 相对于参考坐标系 x, y, z 轴的 3 个分量。

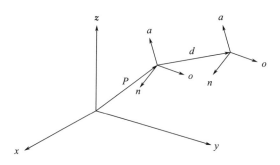

图 5-7　空间纯平移变换的表示

可以看到，矩阵的前三列为单位矩阵，表示没有旋转运动，而最后一列表示纯平移运动，新的坐标系位置可以表示为：

$$
\boldsymbol{F}_{\text{new}} = \begin{bmatrix} 1 & 0 & 0 & d_x \\ 0 & 1 & 0 & d_y \\ 0 & 0 & 1 & d_z \\ 0 & 0 & 0 & 1 \end{bmatrix} \times \begin{bmatrix} n_x & o_x & a_x & p_x \\ n_y & o_y & a_y & p_y \\ n_z & o_z & a_z & p_z \\ 0 & 0 & 0 & 1 \end{bmatrix} = \begin{bmatrix} n_x & o_x & a_x & p_x+d_x \\ n_y & o_y & a_y & p_y+d_y \\ n_z & o_z & a_z & p_z+d_z \\ 0 & 0 & 0 & 1 \end{bmatrix}
$$

$$(5\text{-}17)$$

这个变换方程也可表示为以下形式：

$$
\boldsymbol{F}_{\text{new}} = \text{Trans}(d_x, d_y, d_z) \times \boldsymbol{F}_{\text{old}} \tag{5-18}
$$

这里可以看出以下三点。

① 将坐标系左乘变换矩阵得到新坐标系的位置，这种处理方法适用于任何形式的变换。

② 纯平移后，新坐标系的位置分量由原来分量加上位移分量得到，而坐标系的位姿分量保持不变。

③ 齐次变换矩阵相乘后，矩阵的维数保持不变。

（3）绕轴纯旋转变换的表示

为了方便推导绕轴旋转的表达式，假设该坐标系与参考坐标系原点重合，并且三坐标轴两两平行，将推导出的表达式推广到其他旋转或者旋转组合。

绕轴旋转的过程可描述为：假设待旋转坐标系 $(\overline{n}, \overline{o}, \overline{a})$ 位于参考坐标系 $(\overline{x}, \overline{y}, \overline{z})$ 原点位置，该坐标系绕参考坐标系的 x 轴旋转一定角度 θ，现假设有一点 P 在旋转坐标系上，它相对于参考坐标系的坐标为 P_x，P_y，P_z，相对于运动坐标系的三维坐标为 P_n，P_o，P_a。P 点会随着坐标系绕参考坐标系 x 轴旋转而旋转。旋转之前，在参考坐标系

和运动坐标系中 P 点的坐标是相同的，本身两个坐标系的轴也是平行的。旋转后，P 点坐标在参考坐标系中坐标改变了，在旋转坐标系中却没有改变，如图 5-7 所示。本小节需求出 P 点在旋转后相对于固定参考坐标系的新坐标。

可以在图 5-8 中观察到 P 点在旋转前后坐标的变化情况。P 点相对于参考坐标系的坐标是 P_x，P_y，P_z，而相对于旋转坐标系（P 点所固连的坐标系）的坐标仍为 P_n，P_o，P_a。

由图 5-9 可以看出，P_y 和 P_z 随坐标系统 x 轴的转动而改变，而 P_x 却没有改变，可以证明：

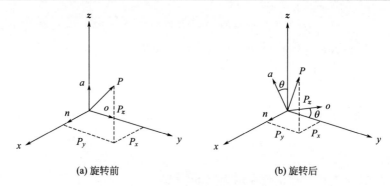

(a) 旋转前　　　　　　　　　　(b) 旋转后

图 5-8　坐标系旋转前后的点的坐标

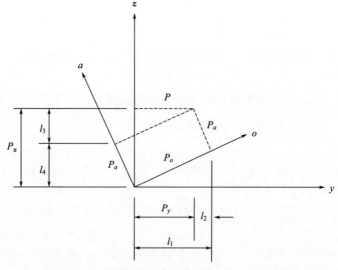

图 5-9　相对于参考坐标系的点的坐标和从 x 轴上观察旋转坐标系

$$P_x = P_n$$
$$P_y = l_1 - l_2 = P_0\cos\theta - P_a\sin\theta \qquad (5\text{-}19)$$
$$P_z = l_3 + l_4 = P_0\sin\theta + P_a\cos\theta$$

用矩阵表示为：

$$\begin{bmatrix} P_x \\ P_y \\ P_z \end{bmatrix} = \begin{bmatrix} 1 & 0 & 0 \\ 0 & \cos\theta & -\sin\theta \\ 0 & \sin\theta & \cos\theta \end{bmatrix} \begin{bmatrix} P_n \\ P_o \\ P_a \end{bmatrix} \qquad (5\text{-}20)$$

由上可得：为了获得旋转变换后的坐标值，需拿旋转前的矩阵左乘旋转矩阵，这也同样适用于所有绕参考坐标系 x 轴做纯旋转的变换，可以简洁地表示为：

$$P_{xyz} = \text{Rot}(x,\theta) \times P_{noa} \qquad (5\text{-}21)$$

注意：在式(5-21)中，旋转矩阵的第一列表示相对于 x 轴的位置，其值为 1，0，0，它表示沿 x 轴的坐标没有改变。

为简化书写，习惯用符号 $C\theta$ 表示 $\cos\theta$，用 $S\theta$ 表示 $\sin\theta$。因此，旋转矩阵也可写为：

$$\text{Rot}(x,\theta) = \begin{bmatrix} 1 & 0 & 0 \\ 0 & C\theta & -S\theta \\ 0 & S\theta & C\theta \end{bmatrix} \qquad (5\text{-}22)$$

可用类似的方法来分析坐标系绕参考坐标系 y 轴和 z 轴旋转的情况，推导结果为：

$$\text{Rot}(y,\theta) = \begin{bmatrix} \cos\theta & 0 & \sin\theta \\ 0 & 1 & 0 \\ -\sin\theta & 0 & \cos\theta \end{bmatrix}, \text{Rot}(z,\theta) = \begin{bmatrix} \cos\theta & -\sin\theta & 0 \\ \sin\theta & \cos\theta & 0 \\ 0 & 0 & 1 \end{bmatrix}$$
$$(5\text{-}23)$$

式(5-22)也可写为习惯的形式，以便于理解不同坐标系间的关系，为此，可将该变换表示为 ${}^uT_R$ ［读作坐标系 R 相对于坐标系 U(universe) 的变换］，将 P_{noa} 表示为 ${}^RP$（P 相对于坐标系 R），将 P_{xyz} 表示为 ${}^uP$（P 相对于坐标系 U），则可简化为：

$$ {}^uP = {}^uT_R \times {}^RP \qquad (5\text{-}24)$$

由式(5-24)可见，去掉 R 便得到了 P 相对于坐标系 U 的坐标。

（4）复合变换的表示

复合变换是指一系列纯平移与绕轴旋转按照一定次序变换的组合。空间的任何运动或者变换都可以分解为一组旋转与平移变换的顺序组合。例如，为了进行某项运动，可以将坐标系或者刚体先沿 x 轴平移，再绕

y、z 轴旋转，最后再绕某轴平移。复合变换重要的是一个个基本变换的顺序，如果顺序错了，变换的总体效果就会不同[4]。

为了推导复合变换表示方法，假定坐标系 $(\overline{n},\overline{o},\overline{a})$ 相对于参考坐标系 (x,y,z) 依次进行了下面 3 个变换。

① 绕 x 轴旋转 α 角。

② 接着平移 $\begin{bmatrix} l_1 & l_2 & l_3 \end{bmatrix}$（分别相对于 x，y，z 轴）。

③ 最后绕 y 轴旋转 β 角。

比如点 P_{noa} 固定在旋转坐标系，开始时旋转坐标系的原点与参考坐标系的原点重合。随着坐标系 $(\overline{n},\overline{o},\overline{a})$ 相对于参考坐标系旋转或者平移时，坐标系中的 P 点相对于参考坐标系也跟着改变。第一次变换后，P 点相对于参考坐标系的坐标可用式(5-25) 表示出来：

$$P_{1,xyz} = \text{Rot}(x,\alpha) \times P_{noa} \tag{5-25}$$

式中　$P_{1,xyz}$——经过旋转过后相对于参考坐标系的坐标。

经过平移过后，该点相对于参考坐标系的坐标可表示为：

$$P_{2,xyz} = \text{Trans}(l_1,l_2,l_3) \times P_{1,xyz} = \text{Trans}(l_1,l_2,l_3) \times \text{Rot}(x,\alpha) \times P_{noa} \tag{5-26}$$

最后，经过最后一次旋转过后，该点的坐标为：

$$P_{xyz} = P_{3,xyz} = \text{Rot}(y,\beta) \times P_{2,xyz} \tag{5-27}$$
$$= \text{Rot}(y,\beta) \times \text{Trans}(l_1,l_2,l_3) \times \text{Rot}(x,\alpha) \times P_{noa}$$

可见，通过用变换矩阵左乘变换前的坐标可以获得变换后的该点相对于参考坐标系的新坐标。这里不能搞错变换顺序，矩阵变换的顺序刚好和矩阵书写的顺序是相反的。

(5) 相对于旋转坐标系的变换

综合前几小节，可以发现前面所研究的变换都是用原来坐标矩阵左乘变换矩阵，即都是相对于空间内一个固定坐标系做旋转或者平移变换，但是在实际运动中，机械臂也有可能相对于当前坐标系或者运动坐标系做变换。例如，机械臂可以相对于运动坐标系 o 轴而不是参考坐标系 y 轴旋转一定的角度。为了计算这种变换给当前坐标系带来的影响，通过证明推导可得，右乘变换矩阵而不是左乘就可以求得相对于旋转坐标系变换后的坐标。

5.1.4　齐次变换及运算

(1) 齐次坐标的定义

坐标变换可以写成以下形式：

$$\begin{bmatrix} {}^A\boldsymbol{P} \\ 1 \end{bmatrix} = \begin{bmatrix} {}^A_B\boldsymbol{R} & {}^A\boldsymbol{R}_{Bo} \\ 0 & 1 \end{bmatrix} \begin{bmatrix} {}^B\boldsymbol{P} \\ 1 \end{bmatrix} \tag{5-28}$$

将位置矢量用 4×1 矢量表示，增加 1 维的数值恒为 1，我们仍然用原来的符号表示 4 维位置矢量，并采用以下符号表示坐标变换矩阵：

$$ {}^A_B\boldsymbol{T} = \begin{bmatrix} {}^A_B\boldsymbol{R} & {}^A\boldsymbol{P}_{Bo} \\ 0 & 1 \end{bmatrix} \tag{5-29}$$

$$ {}^A\boldsymbol{P} = {}^A_B\boldsymbol{T}\,{}^B\boldsymbol{P} \tag{5-30}$$

$^A\boldsymbol{P}$ 为 4×4 的矩阵，称为齐次坐标变换矩阵。可以理解为坐标系 $\{B\}$ 在固定坐标系 $\{A\}$ 中的描述。齐次坐标变换的主要特点是表达简洁，同时在表示多个坐标变换的时候比较方便。

（2）齐次变换算子

在服务机器人中还经常用到下面的变换，如图 5-10 所示，矢量 $^A\boldsymbol{P}_1$ 沿矢量 $^A\boldsymbol{Q}$ 平移至的 $^A\boldsymbol{Q}$ 终点，得一矢量 $^A\boldsymbol{P}_2$。已知 $^A\boldsymbol{P}_1$ 和 $^A\boldsymbol{Q}$ 求 $^A\boldsymbol{P}_2$ 的过程称为平移变换，与前面不同，这里只涉及单一坐标系。

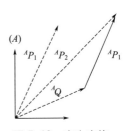

图 5-10　齐次变换

$$ {}^A\boldsymbol{P}_2 = {}^A\boldsymbol{P}_1 + {}^A\boldsymbol{Q} \tag{5-31}$$

可以采用齐次变换矩阵表示平移变换：

$$ {}^A\boldsymbol{P}_2 = \mathrm{Trans}({}^A\boldsymbol{Q})\,{}^A\boldsymbol{P}_1 \tag{5-32}$$

$\mathrm{Trans}({}^A\boldsymbol{Q})$ 称为平移算子，其表达式为：

$$ \mathrm{Trans}({}^A\boldsymbol{Q}) = \begin{bmatrix} \boldsymbol{I} & {}^A\boldsymbol{Q} \\ \boldsymbol{0} & 1 \end{bmatrix} \tag{5-33}$$

其中 $\boldsymbol{I}$ 是 3×3 单位矩阵。例如若 $^A Q = a_i + b_j + c_k$，其中 i、j 和 k 分别表示坐标系 $\{A\}$ 3 个坐标轴的单位矢量，则平移算子表示为：

$$ \mathrm{Trans}(a, b, c) = \begin{bmatrix} 1 & 0 & 0 & a \\ 0 & 1 & 0 & b \\ 0 & 0 & 1 & c \\ 0 & 0 & 0 & 1 \end{bmatrix} \tag{5-34}$$

同样，我们可以研究矢量在同一坐标系下的旋转变换，$^A\boldsymbol{P}_1$ 绕 Z 轴转 θ 角得到 $^A\boldsymbol{P}_2$，则：

$$ {}^A\boldsymbol{P}_2 = \mathrm{Rot}(z, \theta)\,{}^A\boldsymbol{P}_1 \tag{5-35}$$

$\mathrm{Rot}(z, \theta)$ 称为旋转算子，其表达式为：

$$\text{Rot}(z,\theta) = \begin{bmatrix} C\theta & -S\theta & 0 & 0 \\ S\theta & C\theta & 0 & 0 \\ 0 & 0 & 1 & 0 \\ 0 & 0 & 0 & 1 \end{bmatrix} \tag{5-36}$$

同理，可以得到绕 X 轴和 Y 轴的旋转算子：

$$\text{Rot}(x,\theta) = \begin{bmatrix} 1 & 0 & 0 & 0 \\ 0 & C\theta & -S\theta & 0 \\ 0 & S\theta & C\theta & 0 \\ 0 & 0 & 0 & 1 \end{bmatrix}, \text{Rot}(y,\theta) = \begin{bmatrix} C\theta & 0 & S\theta & 0 \\ 0 & 1 & 0 & 0 \\ -S\theta & 0 & C\theta & 0 \\ 0 & 0 & 0 & 1 \end{bmatrix}$$

$$\tag{5-37}$$

5.2　服务机器人的微分运动与动力学分析

前面一节介绍了服务机器人位置运动学，接下来将从底盘的角度介绍服务机器人的微分运动及动力学。

服务机器人底盘的微分运动及动力学，分别从双轮式服务机器人运动学及动力学分析、三轮式服务机器人运动学及动力学分析展开介绍。

5.2.1　底盘运动学分析——双轮

（1）双轮差速移动服务机器人运动学分析

首先，我们讨论如图 5-11 所示的双轮差速驱动的移动服务机器人的运动学模型，即讨论给定服务机器人的几何特征和它的轮子速度后，服务机器人的运动方程。

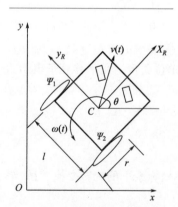

图 5-11　在全局坐标参考系中的双轮差速驱动服务机器人

如图 5-11 所示，假设该差速驱动的服务机器人局部坐标系原点 C 位于两轮中心，并且 C 点与服务机器人重心重合，局部坐标系中 y_R 轴与服务机器人两轮轴线平行，与车体正前方垂直；x_R 轴与全局坐标系 x 轴夹角为 θ。服务机器人有 2 个主动轮子，各具直径 r，两轮轮间距为 l。假定服务机器人在运动中质心的线速度为 $v(t)$，角速度为

$\omega(t)$，左右两轮的转速分别为 $\dot{\varphi}_1$ 和 $\dot{\varphi}_2$，服务机器人左右两轮的运动速度分别为 v_L、v_R，给定 r、l、θ，以及根据图 5-11 所示的几何关系，考虑到移动服务机器人满足刚体运动规律，下面的运动学方程（5-38）成立。

$$V_L = \dot{\varphi}_1 \frac{r}{2}, V_R = \dot{\varphi}_1 \frac{r}{2}$$

$$\omega(t) = \frac{V_R - V_L}{l}, v(t) = \frac{V_R - V_L}{2} \tag{5-38}$$

$$\boldsymbol{\xi}_1 = \begin{bmatrix} \dot{x} \\ \dot{y} \\ \dot{\theta} \end{bmatrix} = \boldsymbol{R}(\boldsymbol{\theta})^{-1} \boldsymbol{\xi}_R = \begin{bmatrix} \cos\theta & -\sin\theta & 0 \\ \sin\theta & \cos\theta & 0 \\ 0 & 0 & 1 \end{bmatrix} \begin{pmatrix} v(t) \\ \omega(t) \end{pmatrix} \tag{5-39}$$

联合这两个方程，得到差速驱动实例服务机器人的运动学模型

$$\boldsymbol{\xi}_1 = \boldsymbol{R}(\boldsymbol{\theta})^{-1} \begin{bmatrix} \dfrac{r\dot{\varphi}_1}{2} + \dfrac{r\dot{\varphi}_2}{2} \\ 0 \\ -\dfrac{r\dot{\varphi}_1}{l} + \dfrac{r\dot{\varphi}_2}{2} \end{bmatrix} = \boldsymbol{R}(\boldsymbol{\theta})^{-1} \begin{bmatrix} \dfrac{r}{2} & \dfrac{r}{2} \\ 0 & 0 \\ -\dfrac{r}{l} & \dfrac{r}{l} \end{bmatrix} \begin{bmatrix} \dot{\varphi}_1 \\ \dot{\varphi}_2 \end{bmatrix} \tag{5-40}$$

定义服务机器人广义位置矢量为 $\theta = (x, y, \theta, \varphi_1, \varphi_2)^{\mathrm{T}}$，速度矢量为 $v = (\dot{\varphi}_1, \dot{\varphi}_2)^{\mathrm{T}}$，则服务机器人的运动学模型可表述为：

$$\dot{q} = S(q)v \tag{5-41}$$

$$S(q) = \begin{bmatrix} \dfrac{r\cos\theta}{2} & \dfrac{r\sin\theta}{2} & -\dfrac{r}{2l} & 1 & 0 \\ \dfrac{r\cos\theta}{2} & \dfrac{r\sin\theta}{2} & \dfrac{r}{2l} & 0 & 1 \end{bmatrix}$$

（2）双轮差速移动服务机器人动力学建模

动力学模型与运动学模型不同，它主要是为了确定物体在受到外力作用时的运动结果。假设服务机器人整体的质量为 m，绕 C 点的转动惯量为 J。设左右两轮输出的转动惯量为 J_1、J_2，左右电机驱动力矩分别为 T_1、T_2，左右两轮的转速为 φ_1 和 φ_2。左右两轮受到的 x_R 方向的约束反力分别为 F_{xR1}、F_{xR2}，两轮沿 y_R 轴方向受到的约束反力之和为 F_{yR}。

分别在 x_R、y_R 以及 z 方向及电机轴方向对移动服务机器人进行受力分析，服务机器人满足 x_R、y_R 方向力平衡以及 z 方向力矩平衡，在电机轴上满足力矩平衡三大平衡条件，于是得到动力学方程为：

$$\begin{cases} m\ddot{x} - (F_{xR1} + F_{xR2})\cos\theta + F_{y_R}\sin\theta = 0 \\ m\ddot{y} - (F_{xR1} + F_{xR2})\sin\theta - F_{y_R}\cos\theta = 0 \\ J\ddot{\theta} + \dfrac{l}{2}(F_{xR1} - F_{xR2}) = 0 \\ J_1\ddot{\varphi}_1 + \dfrac{r}{2}F_{xR1} = T_1 \\ J_2\ddot{\varphi}_2 + \dfrac{r}{2}F_{xR2} = T_2 \end{cases} \tag{5-42}$$

采用服务机器人广义位姿的位置矢量 $q = (x, y, \theta, \varphi_1, \varphi_2)^T$，式(5-38)可整理成拉格朗日标准形式：

$$M\ddot{q} = E\tau - A^T(q)\lambda \tag{5-43}$$

$$\begin{cases} M = \operatorname{diag}\{m, m, J, J_1, J_2\} \\ E = \begin{pmatrix} 0 & 0 & 0 & 1 & 0 \\ 0 & 0 & 0 & 0 & 1 \end{pmatrix} \\ \lambda = (F_{yR}, F_{yR1}, F_{yR2})^T \\ \tau = (T_1, T_2)^T \end{cases}$$

式中 M——惯量矩阵；

E——转换矩阵；

λ——对应于约束力的拉格朗日乘数因子矩阵；

τ——输入力矩矢量。

验证广义位姿的速度矢量 $\dot{q}$ 满足非完整约束方程：$A(q)\dot{q} = 0$，则

$$A(q) = \begin{bmatrix} \sin\theta & -\cos\theta & 0 & 0 & 0 \\ -\cos\theta & -\sin\theta & \dfrac{l}{2} & \dfrac{r}{2} & 1 \\ -\cos\theta & -\sin\theta & -\dfrac{l}{2} & 0 & \dfrac{r}{2} \end{bmatrix} \tag{5-44}$$

由双轮差速式移动服务机器人的运动学模型可知，$A(q)$、$S(q)$ 满足等式 $A(q)S(q) = 0$。整合上述方程，可知得简化后的运动学方程为：

$$\tau = S^T(q)M\ddot{q} \tag{5-45}$$

由此，我们得到了被控量电机驱动力矩 τ 与服务机器人广义位姿的加速度矢量 $\ddot{q}$ 之间的表达式，为之后实现自动控制打下基础。

5.2.2 底盘运动学分析——全向轮

(1) 全向轮移动服务机器人运动学分析

具有传统车轮的服务机器人只能有两个自由度的运动，所以在运动

学上，它等价于传统的陆上车辆。然而，具有全向轮的服务机器人有 3 个自由度运动的能力，即沿着平面上 x 轴、y 轴以及绕自身中心旋转的运动能力，这充分增加了服务机器人的机动性。本节将给出这种全向轮移动服务机器人的运动学模型[5]。

全向轮种类很多，本节以全向轮为例进行讨论，它的组成是在轮毂的外缘上设置有可绕自己的轴旋转的辊子，且均匀分布于轮毂周围，这些辊子轴线（E_i）和轮毂轴线（S_i）的夹角 α 为 90°。该麦卡纳姆轮由双排自由滚动的辊子组成，使得轮子在地面滚动时才形成连续的接触点。而在运动时，轮毂是驱动机构辊子的从动机构，因此在本节中主动轮由图 5-12 所示轮毂与边沿辊子组成，从动轮为车轮辊子，主动轮、从动轮与地面接触点均为辊子与地面的接触点。

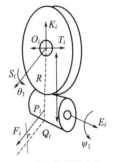 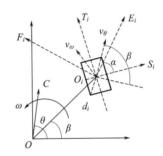

(a) 第 i 个轮子的相关参数　　　　(b) 第 i 个轮子在服务机器人系统中的参数

图 5-12　第 i 个轮子参数

由于全向轮结构的特殊性，全向轮移动服务机器人可以由不同数量的全向轮组成，理论上说可以由大于 2 的任意个轮子组成，但从可控性以及经济性方面考虑，常见的由 3 轮、4 轮组成。由不同数量（K 个）全向轮组成的全向轮移动服务机器人有着不同的运动性能，$K(K \geqslant 3)$ 越大，振动越小；但同时带来了许多机构上的问题，比如在不平地面上运动，当 $K \geqslant 4$ 时需要增加弹性悬架机构来保证每个轮子都与地面接触。那么，如何选取合适的 K 值以获得需要的运动性能呢？我们可以对服务机器人进行运动学建模。

设全向轮移动服务机器人的 K 个全向轮以一定的角度安装于本体上，图 5-12(a) 所示为服务机器人第 i 个轮子的相关参数，其中 S_i 和 E_i 分别表示轮毂和辊子转速的负方向；T_i 和 F_i 分别表示轮毂和辊子中心的线速度正方向；K_i 表示经过轮子中心垂直于地面的方向；O_i 为第 i

个轮子的中心；P_i 为辊子的中心；Q_i 为辊子（或车轮）与地面的接触点；$\dot{\theta}_1$ 和 $\dot{\psi}_1$ 分别表示主动轮和从动轮的转速；R 表示轮子轴心到接触地面的距离，即全向轮的半径；r 为从动轮的半径。

在不考虑运动性能的情况下，全向轮可以任意角度安装在服务机器人本体上，如图 5-12(b) 所示。其中，服务机器人中心 C 至轮子中心 O_i 的矢量为 d_i，d_i 与 x 轴的夹角为 β，轮毂转速负方向 S_i 与 x 轴夹角为 γ。以上各参数确定后，全向轮的安装方式便可以确定。

通过主动轮与从动轮的运动关系，可以得到式(5-46)。

$$\dot{o}_i = \dot{p}_i + v_i \tag{5-46}$$

式中　$\dot{o}_i$——第 i 个全向轮中心的速度；

　　　$\dot{p}_i$——与地面相接触的从动轮的轴心速度；

　　　v_i——点 o_i 与 p_i 的相对速度。

设主动轮与从动轮的角速度矢量分别为 ω_d、ω_p，它们有式(5-47) 所示的关系。

$$\omega_{d_i} = \omega k + \dot{\theta}_i S_i, \omega_p = \omega_d + \dot{\phi}_i E_i \tag{5-47}$$

由式(5-46)、式(5-47) 可推得公式(5-48)。

$$\dot{p}_i = \omega_p \times Q_i P_i = -r(\dot{\theta}_i T_i + \dot{\phi}_i F_i) \tag{5-48}$$

由式(5-48) 和已知关系式，获得主动轮中心的速度公式。

$$v_i = \omega_d \times P_i Q_i = -\dot{\theta}_i (R - r) T_i \tag{5-49}$$

$$o_i = -R\dot{\theta}_i - r\dot{\phi}_i F_i \tag{5-50}$$

同时由于主动轮中心速度可以由服务机器人中心速度变量 $\dot{c}$ 和服务机器人角速度 ω 表示，可得式(5-51)。

$$\dot{o}_i = \dot{c} + \omega \xi d_i \tag{5-51}$$

$$\varepsilon = \begin{bmatrix} 0 & -1 \\ 1 & 0 \end{bmatrix}$$

由于辊子是随动的，并不由驱动器驱动，是非控制运动，分析时不考虑该速度 ϕ，因此将式(5-50)、式(5-51) 的等式两边乘以 E_i，将两式联立从而最终可导出式(5-52)。

$$-R\dot{\theta}_i = k_i t, i = 1, 2, \cdots, n \tag{5-52}$$

$$k_i = [E_i^{\mathrm{T}} \xi d_i E_i^{\mathrm{T}}]$$

$$t = \begin{bmatrix} \omega \\ \dot{c} \end{bmatrix}$$

式中　t——运动旋量。

可将全向轮服务机器人的运动学模型表示为式(5-53) 所示的矩阵形式。

$$\begin{cases} \boldsymbol{J} = -\boldsymbol{R}\boldsymbol{I} \\[2mm] \boldsymbol{K} = \begin{bmatrix} E_1^{\mathrm{T}}\xi d_1 & E_1^{\mathrm{T}} \\ \vdots & \vdots \\ E_n^{\mathrm{T}}\xi d_n & E_n^{\mathrm{T}} \end{bmatrix} \\[4mm] \dot{\theta} = [\dot{\theta}_1, \dot{\theta}_2, \cdots, \dot{\theta}_n] \end{cases} \tag{5-53}$$

$$\boldsymbol{J}\dot{\theta} = \boldsymbol{K}t \tag{5-54}$$

式中 $\boldsymbol{J}$——全向轮半径参数构成的矩阵；

$\dot{\theta}$——全向轮的转速矩阵；

$\boldsymbol{K}$——全向轮移动服务机器人运动学方程的雅可比矩阵；

t——运动旋量矩阵；

$\boldsymbol{I}$——单位矩阵。

对于如图 5-13 所示 4 轮全向轮移动服务机器人的运动学模型可以按照上述方法所述模型作进一步的描述。为清楚表示服务机器人的各运动参数，将服务机器人的线速度 $\dot{c}$ 表示为 (v_x, v_y)，各轮子速度表示为 v_i $(i = 1, 2, \cdots, K)$。则 3 轮、4 轮全向轮移动服务机器人的逆运动学方程可表示为式(5-55) 和式(5-56)。

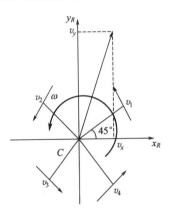

图 5-13 4 轮全向轮移动服务机器人

$$\begin{pmatrix} v_1 \\ v_2 \\ v_3 \end{pmatrix} = \begin{pmatrix} -1/2 & \sqrt{3}/2 & R \\ -1/2 & -\sqrt{3}/2 & R \\ 1 & 0 & R \end{pmatrix} \begin{pmatrix} v_X \\ v_Y \\ \dot{\phi} \end{pmatrix} \tag{5-55}$$

$$\begin{bmatrix} v_1 \\ v_2 \\ v_3 \\ v_4 \end{bmatrix} = \begin{bmatrix} -\sqrt{2}/2 & \sqrt{2}/2 & R \\ -\sqrt{2}/2 & -\sqrt{2}/2 & R \\ \sqrt{2}/2 & -\sqrt{2}/2 & R \\ \sqrt{2}/2 & \sqrt{2}/2 & R \end{bmatrix} \begin{pmatrix} v_x \\ v_y \\ \dot{\phi} \end{pmatrix} \tag{5-56}$$

（2）全向轮移动服务机器人动力学模型

① 单个轮子动力学模型。将轮子设定为刚体，是不可变形的圆盘，并将轮子与地面的相互作用认作是点接触。实际中，大部分轮子是由可变形材料（如橡胶）制成，所以相互作用是面接触。在本节中，假设全向轮移动服务机器人重心不高，因此，当服务机器人加速运动时，由重心偏高产生的各轮对地压力的变化忽略不计。

基于车辆动力学理论，当全向轮移动服务机器人加速运动时，驱动轮与地面的接触变形所产生的切向力是车辆或移动服务机器人运动的牵引驱动力。只要轮子和地面间的接触区域，即轮子接地印迹上承受切向力，就会出现不同程度的打滑，因此，严格来讲，理想纯滚动假设条件并不符合实际情况。将加速过程中的车轮打滑减到最少是服务机器人运动控制的目标，而对单个轮子进行动力学分析是前提[6]。

当轮子在地面上滚动时，轮子与地面在接触区域内产生的各种相互作用力和相应的变形都伴随着能量损失，这种能量损失是产生滚动阻力的根本原因。为了提高服务机器人的加速性能，很多轮子都采用橡胶轮或其他具有塑性变形的材料制成，而且一些家用服务机器人或娱乐服务机器人（足球服务机器人）都会在地毯上运动，从而使服务机器人运动时更容易产生滚动阻力。正是这种弹性变形产生的弹性迟滞损失形成了阻碍轮子滚动的一种阻力偶，当轮子只受径向载荷而不滚动时，地面对轮子的反作用力的分布是前后对称的，其合力 F_z 与法向载荷 P 重合于法线 n—n' 方向，如图 5-14(a) 所示。当轮子滚动时，在法线 n—n' 前后相对应点变形虽然相同，但由于弹性迟滞现象，处于加载压缩过程的前部的地面法向反作用力就会大于处于卸载恢复过程的后部的地面法向反作用力。这样就使地面法向反作用力前后的分布并不对称，而使它们的合力 F_z 相对于法线 n—n' 向前移动了一个距离 e，见图 5-14(b)，它随弹性迟滞损失的增大而变大。法向反作用合力 F_z 与法向载荷 P 大小相等，方向相反。

如果将法向反作用力 F_z 向后平移至通过轮子中心，与其垂线重合，则轮子在地面上滚动时的受力情况如图 5-14 所示，出现一个附加的力偶矩 $T_f = F_z e$，这个阻碍车轮滚动的力偶矩称为滚动阻力偶矩。由图 5-15

可知，欲使轮子在地面上保持匀速滚动，必须在轮轴上加一驱动力矩 τ 或是加一推力 F_p，从而克服上述滚动阻力偶矩。相关数学关系表示如下。

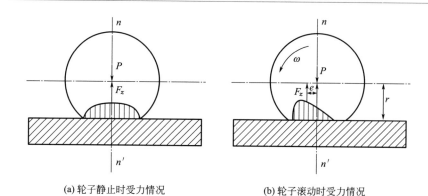

(a) 轮子静止时受力情况　　　　　(b) 轮子滚动时受力情况

图 5-14　轮子受力情况

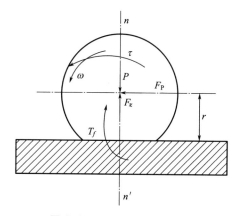

图 5-15　滚动阻力偶的形成

$$\tau = T_i = F_z e \tag{5-57}$$

$$F_p r = T_f = F_z e \tag{5-58}$$

$$F_p = F_z \frac{e}{r} = P \frac{e}{r} \tag{5-59}$$

$$\mu_R = \frac{e}{r} \tag{5-60}$$

$$F_f = P \mu_R \tag{5-61}$$

式中，μ_R 为滚动阻力系数，由上式可知，滚动阻力系数是指在一定条件下，轮子滚动所需的推力与车轮所受径向载荷之比，即要使轮子滚动，单位车重所需的推力。所以轮子的滚动阻力等于轮子径向垂直载荷与滚动阻力系数之乘积，如式（5-61）所示。真正作用在轮子上驱动服务机器人运动的力为地面对轮子的切向反作用力，该值为驱动力减去轮子上的滚动阻力。

图 5-16 分别是驱动轮、从动轮在加速过程中的受力图。各参数说明如下：R、r 分别为驱动轮和从动轮的半径；P、P_p 分别为全向轮、从动轮上的载荷；N_d、N_p 分别为地面对驱动轮、从动轮的法向反作用力；f_{di}、f_{pi} 表示作用在驱动轮、从动轮上的地面切向反作用力；F'、Q_p 是驱动轴、从动轴作用于驱动轮、从动轮的平行于地面的力；M_d、M_p 是驱动轮、从动轮滚动阻力偶矩，在服务机器人载荷一定的情况下，

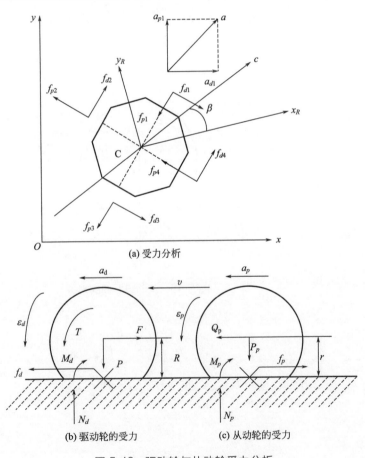

(a) 受力分析

(b) 驱动轮的受力　　(c) 从动轮的受力

图 5-16　驱动轮与从动轮受力分析

近似不变；ε_{di}、ε_{pi} 为驱动轮、从动轮的角加速度；a_{di}、a_{pi} 为驱动轮、从动轮轴心平行于地面的加速度；J_d、J_p 分别为主动轮与从动轮的转动惯量；T 为电机作用于驱动轮的转矩。

根据图 5-16 所示受力情况，驱动轮与从动轮的动力学模型分别如式(5-62)、式(5-63) 所示。其中 m_d 是驱动轮质量，m_p 是从动轮质量。

$$\begin{aligned} m_d a_{di} &= f_{di} - F' \\ J_p \varepsilon_{di} &= T - f_{di} R - M_d \end{aligned} \tag{5-62}$$

$$\begin{aligned} m_p a_{pi} &= Q_p - f_{pi} \\ J_d \varepsilon_{di} &= f_{di} r - M_p \end{aligned} \tag{5-63}$$

$$f_h = u_h P \tag{5-64}$$

$$f_g = u_g P \tag{5-65}$$

地面对轮子切向反作用力的极限值 $f_{\max}$ 称为附着力 f_h，其大小如式(5-64) 所示，其中 u_h 为附着系数，它是由地面与轮子决定的，所以地面切向反作用力不可能大于附着力，附着系数是产生加速度的关键值。当轮子与地面产生滑动时，地面对轮子切向反作用力便由轮子的滑动系数决定，设滑动系数 u_g，则滑动时的切向反作用力 f_g 有式(5-65) 所示关系，且 $u_h > u_g$，因此 $f_{\max}$ 为一有限大的值，当 T 过大时，轮子产生滑动，此时 $f_{\max}$ 变为 f_g。只要 $T \geqslant M_p$ 成立，就能驱动轮子，即 $a > 0$，但 T 小，地面对轮子的切向反作用力也小（即驱动力小）。当 T 增大，地面对轮子的切向反作用力也增大。当 a 不断增大，直到 $f \to f_{\max}$，此时 $a \to a_{\max}$，$f_{\max} = u_h P$ 为最大驱动力。当 T 继续增大时，轮子将产生滑动，此时 $f = f_g = u_g P$，所以驱动能力反而减小。

由式(5-62) 可知，a_d 有一极限值，当电机转矩 T 过大时，使得附着力提供的轮子中心的最大加速度小于由 T 作用而产生的加速度，即 $a_{d\max} < \varepsilon_{d\max}$ 时，将发生驱动轮打滑现象；同理作用于从动轮的 Q_p 过大时，从动轮同样将发生打滑。

② 全向轮移动服务机器人整体动力学建模。根据图 5-16 的单个轮子的受力模型和图 5-17 的全向轮移动服务机器人运动平台，使用牛顿-欧拉方程，可以对全向轮移动服务机器人建立动力学模型，整个动力学模型为式(5-62)、式(5-63)、式(5-66)。其中 m_R 为服务机器人质量，(x_c, y_c) 为服务机器人中心位置坐标。

$$\begin{aligned} m_R \ddot{x}_c = &(F_{xd2} + F_{xd4})\sin(\alpha - \theta) + (F_{xd1} + F_{xd3})\sin(\alpha + \theta) - \\ &(F_{x_p 2} + F_{x_p 4})\cos(\alpha - \theta) - (F_{x_p 1} + F_{x_p 3})\cos(\alpha + \theta) \end{aligned}$$

$$m_R \ddot{y}_c = (F_{xd2} + F_{xd4})\cos(\alpha - \theta) - (F_{xd1} + F_{xd3})\cos(\alpha + \theta) +$$
$$(F_{x_p2} + F_{x_p4})\sin(\alpha - \theta) - (F_{x_p1} + F_{x_p3})\sin(\alpha + \theta) \tag{5-66}$$

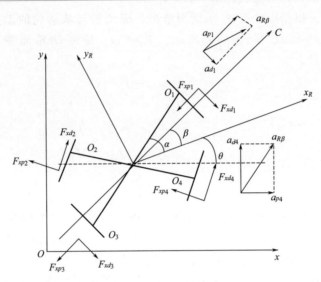

图 5-17　全向轮移动服务机器人运动坐标系统

　　由以上对运动学、动力学建模分析可知，全向轮移动服务机器人沿不同方向的最大速度、最大加速度、运动效率各不相同，运动时存在着各向相异性，因此服务机器人沿各个方向运动的效果将存在很大差异，为了更好地对服务机器人进行控制以及获得更优的运动规划，必须在控制算法中引入该特性的影响。

5.3　服务机器人的正逆运动学问题

　　前面几章叙述了服务机器人的位置运动学，然后从底盘的角度分析了服务机器人的微分运动以及动力学。根据前面所学内容，只要知道服务机器人的关节变量，我们就能依据其运动方程确定服务机器人的位置，或者已知服务机器人的期望位姿就能确定相应的关节变量和速度。

　　本章将从机械臂的角度来介绍服务机器人运动学分析的轨迹规划部分，主要包括正向运动学和逆向运动学。正向运动学即给定服务机器人各关节变量，计算服务机器人末端的位置姿态；逆向运动学即已知服务机器人末端的位置姿态，计算服务机器人对应位置的全部关节变量。一般正向运动学的解释是唯一和容易获得的，而逆向运动学往往有多个解而且分析更为复杂。服务机器人逆运动分析是运动规划控制中的重要问题，但由于服务机器人逆运动问题的复杂和多样性，无法建立通用的解析算法。逆运动学问题实际上是一个非线性超越方程组的求解问题，其中包括解的存在性、唯一性及求解的方法等一系列问题。

超越方程是包含超越函数的方程，也就是方程中有无法用自变量的多项式或开方表示的函数，与超越方程相对的是代数方程。

5.3.1　刚体的描述

刚体是指在运动中和受到力的作用后，形状和大小不变，而且内部各点的相对位置不变的物体。刚体不光有位置，还有其自身的姿态。位置表示在空间中的哪个地方，而姿态则表示指向的方向。刚体在空间的位置，必须根据刚体中任一点的空间位置和刚体绕该点转动时的位置来确定，所以刚体在空间有 6 个自由度。

一个物体通常都是这样在空间表示出来：先将一个坐标系与该物体固连在一起，然后在三维空间里将此坐标系表示出来。默认这个坐标系和物体是一直联系在一起，物体相对于这个坐标系的关系是确定的。这样，只要在空间表示出这个固连的坐标系，这个物体在基座坐标系下也就能表示出来。用矩阵不仅可以表示三维空间坐标系，还可以表示相对于坐标原点的位置和相对于参考坐标系的表示该坐标系姿态向量。一个刚体可用如下矩阵形式表示：

$$\boldsymbol{F}_{\text{object}} = \begin{bmatrix} n_x & o_x & a_x & p_x \\ n_y & o_y & a_y & p_y \\ n_z & o_z & a_z & p_z \\ 0 & 0 & 0 & 1 \end{bmatrix} \tag{5-67}$$

三维空间内的一个点通常只能沿着 3 个坐标轴移动，只有 3 个自由度。而一个刚体不仅可以沿着 3 个坐标轴移动，还能以这几个轴为中心，绕着它转动，拥有 6 个自由度，如图 5-18 所示。这样至少需要 6 条信息来表示该物体在参考坐标系中的位置和该物体相对于 3 个坐标轴的姿态。在式(5-67) 中的矩阵总共有 12 个元素，左上角 9 个元素表示物体的姿态，右上角 3 个元素表示该物体相对于基坐标系的位置，最后一行为方便矩阵求逆、相乘而附加的比例因子。明显该式中存在一定的限制条件将方程信息限定为 6。这样需要 6 个方程将 12 个元素减少到 6 个。我们需根据已知坐标系的固有性质来获得这些限制条件。

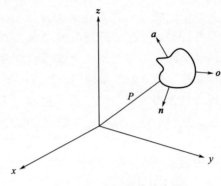

图 5-18　空间物体的表示

① 3 个表示位姿的向量 **n**，**o**，**a** 相互垂直。

② 每个单位向量的长度必须为 1。

将上述约束条件转换为式(5-68) 所示 6 个方程：

$$
\begin{aligned}
&① \ \boldsymbol{n} \cdot \boldsymbol{o} = 0 \\
&② \ \boldsymbol{n} \cdot \boldsymbol{a} = 0 \\
&③ \ \boldsymbol{a} \cdot \boldsymbol{o} = 0 \\
&④ \ |\boldsymbol{n}| = 1 (单位向量的长度为 1) \\
&⑤ \ |\boldsymbol{o}| = 1 \\
&⑥ \ |\boldsymbol{a}| = 1
\end{aligned}
\tag{5-68}
$$

因此，只有在式(5-68) 中方程成立的条件下，才能用矩阵表示坐标系的值。否则，坐标系将不正确。式(5-68) 所示中前 3 个方程可以换用如式(5-69) 所示的 3 个向量的向量积来代替：

$$
\boldsymbol{n} \times \boldsymbol{o} = \boldsymbol{a}
\tag{5-69}
$$

5.3.2　正逆运动学问题

服务机器人运动学正问题指已知服务机器人杆件的几何参数和关节变量，求末端执行器相对于基座坐标系的位置和姿态。服务机器人运动学方程的建立步骤如下。

① 根据 D-H 法建立服务机器人的基座坐标系和各杆件坐标系。

② 确定 D-H 参数和关节变量。

③ 从基座坐标系出发，根据各杆件尺寸及相互位置参数，逐一确定 **A** 矩阵。

④ 根据需要将若干个 **A** 矩阵连乘起来，即得到不同的运动方程。

对六自由度服务机器人，手部相对于基座坐标系的位姿变化为：$T_6 = A_1 * A_2 * A_3 * A_4 * A_5 * A_6$[7]。

服务机器人运动学逆问题指已知服务机器人杆件的集合参数和末端执行器相对于基座坐标系的位姿，求服务机器人各关节变量。求解服务机器人运动学逆问题的解析法又称为代数法和变量分离法。在运动方程两边乘以若干个 A 矩阵的逆阵，则：

$$A_1^{-1} T_6 = A_2 * A_3 * A_4 * A_5 * A_6 = {}^1 T_6$$
$$(A_2^{-1})^1 T_6 = A_2 * A_3 * A_4 * A_5 * A_6 = {}^2 T_6$$
$$\cdots$$
$$(A_5^{-1})^4 T_6 = A_6 = {}^5 T_6$$

得到新方程的展开，每个方程可有 12 个子方程，选择等式左端仅含有所求关节变量的子方程进行求解，可求出相应的关节变量。除解析法外，还有几何法、迭代法等。

为了简化分析过程，可分别分析位置和姿态问题，再将两者结合在一起，从而形成一组完整的方程。

（1）位置的正逆运动学

假定固连在刚体上的坐标系的原点位置有 3 个自由度，它可以用 3 条信息来完全确定。因此，坐标系的原点位置可以用任何常用的坐标轴来定义。例如，基于直角坐标系对空间的一个点定位，就意味着有 3 个关于 X、Y 和 Z 轴的线性运动。此外，它也可以用球坐标来实现，意味着有一个线性运动和两个旋转运动[8]。

（2）位姿的正逆运动学

假设固连在服务机器人手上的运动坐标系在直角坐标系、圆柱坐标系、球坐标系或链式坐标系中已经运动到期望的姿态，下一步是要在不改变位置的情况下，适当地旋转坐标系而使其达到所期望的姿态。这时只能绕当前坐标系而不能绕参考坐标系旋转，因为绕参考坐标系旋转将会改变当前坐标系原点的位置。合适的旋转顺序取决于服务机器人手腕的设计和关节装配在一起的方式。

5.3.3　机械臂的正逆运动学

为了使服务机器人手臂处于期望位姿，需要确定每个关节的值，有了逆运动学解就能解决这个问题。本节将给出用数值法求解逆运动方程的一般步骤，根据目标物体已知位姿，即手臂抓取需要到的位置，解出各关节需要旋转的角度。

从之前的变换方程中可以看见许多关节角是耦合的，这给从矩阵中提取信息来求解角度提高了难度。为了给各关节角度解耦，通常都是用 ^RT_H 矩阵左乘 A_n^{-1} 矩阵，这让方程中去掉某个角度，这样可以凑到一个角的正弦或者余弦，从而求出相应的角度。

上节中得到机器臂的总变换方程为：

$$^RT_H = A_1A_2A_3A_4A_5A_6 =$$

$$\begin{bmatrix} C_1(C_{234}C_5C_6-S_{234}S_6) & C_1(-C_{234}C_5C_6-S_{234}C_6) & C_1(C_{234}S_5)+ & C_1(C_{234}L_5+C_{23}L_4 \\ -S_1S_5C_6 & +S_1S_5S_6 & S_1C_5 & +C_2L_2) \\ S_1(C_{234}C_5C_6-S_{234}S_6) & S_1(-C_{234}C_5C_6-S_{234}C_6) & S_1(C_{234}S_5) & S_1(C_{234}L_5+C_{23}L_4 \\ +C_1S_5C_6 & -C_1S_5S_6 & -C_1C_5 & +C_2L_2) \\ S_{234}C_5C_6+C_{234}S_6 & -S_{234}C_5C_6+C_{234}C_6 & S_{234}S_5 & S_{234}L_5+S_{23}L_4+S_2L_2 \\ 0 & 0 & 0 & 1 \end{bmatrix}$$

$$(5\text{-}70)$$

为了简便，将式(5-70)中的矩阵表示为 [RHS]。这样可令服务机器人期望位姿为：

$$^RT_H = \begin{bmatrix} n_x & o_x & a_x & p_x \\ n_y & o_y & a_y & p_y \\ n_z & o_z & a_z & p_z \\ 0 & 0 & 0 & 1 \end{bmatrix} \qquad (5\text{-}71)$$

为了解耦，从 A_n^{-1} 开始，用 A_1^{-1} 左乘上述两个矩阵，得到：

$$A_1^{-1} \times \begin{bmatrix} n_x & o_x & a_x & p_x \\ n_y & o_y & a_y & p_y \\ n_z & o_z & a_z & p_z \\ 0 & 0 & 0 & 1 \end{bmatrix} = A_1^{-1}[\text{RHS}] = A_2A_3A_4A_5A_6 \quad (5\text{-}72)$$

$$\begin{bmatrix} C_1 & S_1 & 0 & 0 \\ 0 & 0 & 1 & 0 \\ S_1 & -C_1 & 0 & 0 \\ 0 & 0 & 0 & 1 \end{bmatrix} \times \begin{bmatrix} n_x & o_x & a_x & p_x \\ n_y & o_y & a_y & p_y \\ n_z & o_z & a_z & p_z \\ 0 & 0 & 0 & 1 \end{bmatrix} = A_2A_3A_4A_5A_6 \quad (5\text{-}73)$$

$$\begin{bmatrix} n_xC_1+n_yS_1 & o_xC_1+o_yS_1 & a_xC_1+a_yS_1 & p_xC_1+p_yS_1 \\ n_z & o_z & a_z & p_z \\ n_xS_1-n_yC_1 & o_xS_1-o_yC_1 & a_xS_1-a_yC_1 & p_xS_1-p_yC_1 \\ 0 & 0 & 0 & 1 \end{bmatrix} =$$

$$\begin{bmatrix} C_{234}C_5C_6-S_{234}S_6 & -C_{234}C_5C_6-S_{234}C_6 & C_{234}S_5 & C_{234}L_5+C_{23}L_4+C_2L_2 \\ S_{234}C_5C_6+C_{234}S_6 & -S_{234}C_5C_6+C_{234}C_6 & S_{234}S_5 & S_{234}L_5+S_{23}L_4+S_2L_2 \\ -S_5C_6 & S_5S_6 & C_5 & 0 \\ 0 & 0 & 0 & 1 \end{bmatrix}$$

$$(5-74)$$

根据方程的（3，4）元素，有：

$$p_xS_1-p_yC_1=0 \rightarrow \theta_1=\arctan\frac{p_y}{p_x}\text{和}\theta_1=\theta_1+180° \qquad (5-75)$$

根据（1，4）元素和（2，4）元素，可得：

$$p_xC_1+p_yS_1=C_{234}L_5+C_{23}L_4+C_2L_2$$
$$p_z=S_{234}L_5+S_{23}L_4+S_2L_2 \qquad (5-76)$$

整理上面两个方程并对两边平方，然后将平方值相加，得：

$$(p_xC_1+p_yS_1-C_{234}L_5)^2=(C_{23}L_4+C_2L_2)^2$$
$$(p_z-S_{234}L_5)^2=(S_{23}L_4+S_2L_2)^2 \qquad (5-77)$$
$$(p_xC_1+p_yS_1-C_{234}L_5)^2+(p_z-S_{234}L_5)^2=L_2^2+L_4^2+2L_2L_4(S_2S_{23}+C_2C_{23})$$

根据三角函数方程，可得：

$$S_2S_{23}+C_2C_{23}=\cos[(\theta_2+\theta_3)-\theta_2]=\cos\theta_3 \qquad (5-78)$$

于是：

$$C_3=\frac{(p_xC_1+p_yS_1-C_{234}L_5)^2+(p_z-S_{234}L_5)^2-L_2^2-L_4^2}{2L_2L_4}$$

已知：

$$S_3=\pm\sqrt{1-C_3^2} \qquad (5-79)$$

于是可得：

$$\theta_3=\arctan\frac{S_3}{C_3} \qquad (5-80)$$

根据式(5-78)矩阵的（3，3）元素，可得：

$$-S_{234}(C_1a_x+S_1a_y)+C_{234}a_z=0 \rightarrow$$

$$\theta_{234}=\arctan\frac{a_z}{C_1a_x+S_1a_y}\text{和}\theta_{234}=\theta_{234}+180° \qquad (5-81)$$

由此可计算 S_{234} 和 C_{234}，如前面所讨论过的，它们可用来计算 θ_3。

现在再参照式(5-81)，并在这里重复使用它就可计算角 θ_2 的正弦和余弦值，具体步骤如下：

$$p_xC_1+p_yS_1=C_{234}L_5+C_{23}L_4+C_2L_2$$
$$p_z=S_{234}L_5+S_{23}L_4+S_2L_2 \qquad (5-82)$$

由于 $C_{12}=C_1C_2-S_1S_2$ 以及 $S_{12}=S_1C_2+C_1S_2$，可得：

$$\begin{cases} p_xC_1+p_yS_1-C_{234}L_5=(C_2C_3-S_2S_3)L_4+C_2L_2 \\ p_z-S_{234}L_5=(S_2C_3+C_2S_3)L_4+S_2L_2 \end{cases} \tag{5-83}$$

上面两个方程中包含两个未知数，求解 C_2 和 S_2，可得：

$$\begin{cases} S_2=\dfrac{(C_3L_4+L_2)(p_z-S_{234}L_5)-S_3L_4(p_xC_1+p_yS_1-C_{234}L_5)}{(C_3L_4+L_2)^2+S_3^2L_4^2} \\[4mm] C_2=\dfrac{(C_3L_4+L_2)(p_xC_1+p_yS_1-C_{234}L_5)+S_3L_4(p_z-S_{234}L_5)}{(C_3L_4+L_2)^2+S_3^2L_4^2} \end{cases}$$

这个方程的所有元素都是已知的，计算得到：

$$\theta_2=\arctan\dfrac{(C_3L_4+L_2)(p_z-S_{234}L_5)-S_3L_4(p_xC_1+p_yS_1-C_{234}L_5)}{(C_3L_4+L_2)(p_xC_1+p_yS_1-C_{234}L_5)+S_3L_4(p_z-S_{234}L_5)}$$

$$\tag{5-84}$$

可得：

$$\theta_{234}=\arctan-\frac{a_xC_1+a_yS_1}{a_z}\ \text{和}\ \theta_{234}=\theta_{234}+\pi \tag{5-85}$$

既然 θ_2 和 θ_3 已知，进而可得：

$$\theta_4=\theta_{234}-\theta_2-\theta_3 \tag{5-86}$$

因为式(5-85)中的 θ_{234} 有两个解，所以 θ_4 也有两个解。

由方程的 $(1,3)$ 和 $(2,3)$ 元素可得：

$$\begin{cases} S_5=C_{234}(C_1a_x+S_1a_y)+S_{234}a_z \\ C_5=-C_1a_y+S_1a_x \end{cases} \tag{5-87}$$

$$\theta_5=\arctan\frac{C_{234}(C_1a_x+S_1a_y)+S_{234}a_z}{S_1a_x-C_1a_y} \tag{5-88}$$

用 A_5 逆左乘式(5-88)对它解耦，得到：

$$\theta_6=\arctan\frac{-S_{234}(C_1n_x+S_1n_y)+C_{234}n_z}{-S_{234}(C_1o_x+S_1o_y)+C_{234}o_z} \tag{5-89}$$

至此找到了 6 个方程，根据它们可以解出将服务机器人放于任何位姿时各关节需要旋转的角度。这种方法不仅适用于本书所研究的服务机器人，也可采取类似的方法来分析处理其他服务机器人。

路径定义为服务机器人构型的一个特定序列，并不考虑服务机器人构型的时间元素。如果一个服务机器人从 A 点运动到 B 点然后再运动到 C 点，那么这些中间的构型序列就构成了一条路径。而轨迹则与何时到达路径中的每个部分有关，关注的是时间元素。因此，不论服务机器人何时到达 B 点和 C 点，其路径总是一样的，而经过路径的每个部分的快慢不同，轨迹也就不同。因此，即使服务机器人经过相同的点，但在一个给定的时刻，服务机器人在其路径上和在轨迹上的点也是不同的。轨迹依赖速度和加速度，如果服务机器人到达 B 点和 C 点的时间不同，则相应的轨迹也不相同。

本章介绍了服务机器人的运动学，包括底盘运动和机械臂的空间运动，服务机器人坐标系统、坐标变换以及传感器的相关知识，可以让读者轻松地了解服务机器人运动学。本章还提供了底盘构建和机械臂运动的实例，将理论与实际相结合，以给读者关于服务机器人项目设计构想的启发。本章的理论部分，也为后续的上层控制打下基础。

参考文献

[1] 陈万米，等. 服务机器人控制技术[M]. 北京：机械工业出版社，2017.

[2] 徐昱琳，杨永焕，李昕，等. 基于双目视觉的服务机器人仿人机械臂控制[J]. 上海大学学报. 自然科学版. 2012, 18 (5): 506-512.

[3] 李昕，刘路. 基于视觉与 RFID 的机器人自定位抓取算法[J]. 计算机工程，2012, 38 (23): 158-165.

[4] Paletta L, Frintrop S, Hertzberg J. Robust localization using context in omni-directional imaging[C]. IEEE Internation Conference on Robotics and Automation, 2001:2072-2077.

[5] 原魁，路鹏，邹伟. 自主移动机器人视觉信息处理技术研究发展现状[J]. 高技术通讯，2008, (01): 104-110.

[6] Stuckler J, Holz D, Behnke S. RoboCup @Home:demonstrating everyday manipulation skills in RoboCup@Home[J]. IEEE Robotics and Automation Magazine, 2012, 19(2): 34-42.

[7] Madonick, N. Improved CCDs for Industrial Video. Machine Design. April 1982: 167-172.

[8] 孙富春，等. 服务机器人学导论[M]. 北京：电子工业出版社，2013.

中国制造
2025

第6章

服务机器人的
路径规划

路径规划是机器人研究领域的一个重要分支，它指的是在存在障碍物的环境当中，机器人根据自身的任务，能够按照一定的评价标准（如时间最短、路径最短、耗能最少等），寻找出一条从起始状态（包括位置及姿态）到目标状态（包括位置及姿态）的无碰撞最优或次优路径。

路径规划问题定义如下：设 B 为一机器人系统，这一系统共具有 K 个自由度，并假设 B 在一个二维或三维空间 V 中，在一组几何性质已为该机器人系统所知的障碍物中，可以无碰撞运动。这样，对于 B 的路径规划问题为：在空间 V 中，给定 B 的一个初始位姿 Z_1 和一个目标位姿 Z_2 以及一组障碍物，寻找一条从 Z_1 到 Z_2 的连续的避碰的最优路径，若该路径存在，则规划出这样一条运动路径。路径规划需解决以下 3 个问题[1]。

① 使机器人能够从初始点运动到目标点。

② 用一定的算法使机器人能够绕开障碍物并且经过某些必须经过的点。

③ 在完成上述任务的前提下尽量优化机器人运行轨迹。

机器人的路径规划问题可以看作是一个带约束条件的优化问题。当机器人处于简单或复杂、静态或动态、已知或未知的环境中时，其路径规划问题的研究内容包括环境信息的建模、路径规划、定位和避障等具体任务。路径规划是为机器人完成长期目标服务的，因此路径规划是机器人的一种战略性问题求解能力。同时，作为自主移动机器人导航的基本环节之一，路径规划是完成复杂任务的基础，规划结果的优劣直接影响到机器人动作的实时性和准确性，规划算法的运算复杂度、稳定性也间接影响机器人的工作效率。因此，路径规划是机器人高效完成作业的前提和保障，对路径规划进行研究，将有助于提高智能机器人的感知、规划以及控制等高层次能力[2]。

6.1 服务机器人的路径规划分类

机器人路径规划的分类方式有很多，主要包括以下几种[3]。

① 根据外界环境中障碍物是否移动，可以分为环境静止不变的静态规划和障碍物运动的动态规划。

② 根据目标是否已知，可以分为空间搜索和路径搜索。

③ 根据机器人所处环境的不同，可以分为室内规划和室外规划。

④ 根据规划方法的不同，可以分为精确式规划和启发式规划。

⑤ 根据机器人系统中可控制的变量的数目是否少于其姿态空间维数，可以分为非完整系统的运动规划和完整系统的路径规划。

⑥ 根据对外界信息的已知程度，可以分为环境信息已知的全局路径规划（又称静态或离线路径规划）和环境信息位置或部分已知的局部路径规划（又称动态或在线路径规划）。

6.1.1　离线路径规划

当对外界环境全部已知时，机器人将进行全局的路径规划。由于外界环境全部已知，故机器人的路径规划可以在完全离线的状态下进行。在执行任务之前，机器人可以根据已知的环境信息规划出一条从起始点到终点的最优运动路径，路径规划的精确程度取决于所获取的信息的准确程度。离线路径规划包括环境建模以及路径搜索两个子问题，该路径规划方法过程主要分为以下 3 个环节。

① 利用相关环境建模技术划分环境空间。

② 形成包含环境空间信息的搜索空间。

③ 搜索空间上应用各种搜索策略进行搜索。

在预先知道准确的全局环境信息的前提下，离线路径规划可以寻找最优解，但其计算量大、实时性差，不能较好地适用于动态非确定环境。其主要方法包括栅格法、自由空间法、可视图法和拓扑法等。

（1）栅格法

栅格法的基本思想是将机器人的工作空间分解成一系列具有二值信息的网格单元，该网格单元即被称为栅格。每个栅格都由固定的值 1 或者 0 来表示，不同的数值用以表明该栅格是否存在障碍物。完成环境建模以后，可以利用搜索算法在地图上搜索一条从起始栅格到目标栅格的路径。

（2）自由空间法

该方法采用结构空间描述机器人所处的环境，将机器人缩小成点，将其周围的障碍物及边界按照比例相应地扩大，使得机器人能够在自由空间中移动到任意一点，并且不会与障碍物及其边界发生碰撞。采用自由空间法进行路径规划，需使用预先定义的广义锥形或凸多边形等基本形状构建自由空间，具体方法为从障碍物的一个顶点开始，依次作与其他顶点的连接线，使得连接折线与障碍物边界所围成的空间为面积最大的凸多边形。取各连接线段的中点，用折线依次连接到的网络即为机器人的可行路径。最后，通过一定的搜索策略得到最终的规划路径。自由空间法比较灵活，起始点和目标点的改变不会对连通图造成重构，可以实现对网络图的维护；但其缺点为障碍物密集的环境当中，该方法可能会失效，且有时不能保证得到最短路径。自由空间法适用于精度要求不高、机器人移动速度较慢的场合。

（3）可视图法

可视图法是一种基于几何建模的路径规划方法，其将机器人视为一点，并利用机器人的起始点、终点以及各障碍物的顶点构造可视图。具体方法为：将这些点进行连接，使某点与周围的某可视点相连，这样可保证相连的两点间不存在障碍物和边界，即直线是可视的。此时，机器人的路径变为点之间的不与障碍物相交的连接线段，再利用某种搜索算法从中寻求最优路径。由于可视图中的路线都是无碰撞路径，因此可确保机器人能够躲避障碍，搜索最优路径的问题即转化为从起始点到目标点经过这些可视直线的最短距离问题。该法可以寻求最短路径，但是缺乏灵活性，当机器人的起点和目标点发生改变时，需重新构造可视图。

（4）拓扑法

拓扑法将规划空间分割成具有拓扑特征子空间，根据彼此的连通性建立拓扑网络，在网络上寻找从起始点到目标点的拓扑路径，最终由拓扑路径求出几何路径。拓扑法的基本思想是降维法，即将在高维几何空间中求路径的问题转化为在低维拓扑空间中辨别连通性的问题。其优点在于利用拓扑特征大大缩小了搜索空间，算法的复杂度仅依赖于障碍物的数目，理论上是完备的，而且拓扑法通常不需要机器人的准确位置，对于位置误差也就有了更好的鲁棒性。缺点是建立拓扑网络的过程非常复杂，特别是当增加障碍物时，如何有效地修正已经存在的拓扑网络以及如何提高图形速度是有待解决的问题[4]。

6.1.2 在线路径规划

当机器人对自身所处的环境信息部分已知或完全未知时，就无法采用离线的方法。此时机器人需利用自身携带的传感器对环境进行探索，并对传感器反馈得到的信息进行进一步的分析处理，以便进行实时的路径规划，即在线路径规划，所以该方法也称为基于传感器信息的局部路径规划。未知环境下的机器人路径规划问题包括机器探索、机器发现、机器学习的智能行为过程，在硬件设备（包括移动机器人平台、传感器设备、定位系统等）充分保证的情况下，机器人被赋予在没有预先环境信息的状况下从环境中给定的出发点触发，最终到达目标点的任务。在这一任务中，机器人的探索、发现是由传感器设备完成的，机器人对环境信息的学习和掌握是依靠指导其行为的算法过程实现的。考虑到大多数情况下，人类无法到达机器人的工作区域，由机器人利用传感器自主创建地图并进行在线的路径规划无疑将具有更广阔的应用前景[5]。

在线规划也即局部路径规划，局部路径规划侧重考虑机器人探知的当前局部环境信息，这使机器人具有良好的避障能力。此外，与离线规划方法相比，在线路径规划具有实时性和实用性，对动态环境有较强的适应能力，克服了离线规划的不足之处；但其缺点在于仅依靠局部信息进行判断，因此有时会产生局部极值点或振荡，使得机器人陷于某范围而无法顺利地到达目标点或是造成大量的路径冗余和计算浪费。在线路径规划的方法主要包括人工势场法、模糊逻辑算法、遗传算法、神经网络法等。

（1）人工势场法

该法的基本思想是将机器人在环境当中的运动看作在虚拟人工力场中的运动。其中目标点产生引力势场，障碍物产生斥力势场，机器人在该虚拟势场中沿着合势场的负梯度方向进行运动即可得到一条规划路径。

（2）模糊逻辑算法

该法是在美国波克莱加州大学 L. A. Zadeh 教授于 1965 年创立模糊集合理论的数学基础上发展起来的。其必须先对传感器反馈得到的信息进行模糊化处理并输入模糊控制器，在先验知识的指导下，模糊控制器根据模糊规则控制机器人的运动。其中，模糊规则是根据现实生活中司机的驾驶经验得出的。模糊逻辑算法实时性较好，适用于未知环境下的路径规划，并且其能够处理定量要求高、具有很多不确定数据的情况，因此具有很强的适应性。其缺点在于模糊规则难以获得，需根据先验知识，故灵活性较差。并且当输入量较多时，会造成推理规则的急剧膨胀和推理结果的极大不确定。

（3）遗传算法

该法是根据达尔文进化论以及孟德尔、摩根的遗传学理论，通过模拟生物进化的机制构造的人工系统。其基本思想是：首先初始化种群内的所有个体，然后进行选择、交叉、变异等遗传操作，经过若干代进化之后，输出当前最优的个体。

（4）神经网络法

神经网络是一门新兴的交叉学科，兴起于 20 世纪 40 年代，它是一种应用类似于大脑神经突触联系的结构进行信息处理的数学模型，目前已经应用到了各领域当中。具体到机器人的路径规划问题，其基本思想是将传感器系统反馈得到的信息作为网络的输入量，经过神经网络控制器处理之后进一步控制机器人的运动，即为神经网络的输出。神经网络需要大量的原始数据样本集，然后需对其中重复的、冲突的、错误的样本进行剔除后得到最终样本，对神经网络不断训练以得到满意的控制器。由于神经网络是一个高度并行的分布式系统，因此适用于实时性要求较高的机器人系统，其缺点在于难以确定合适的权值。

6.1.3 其他路径规划算法

（1）启发式搜索算法

启发式搜索就是在状态空间中的搜索，指对每一个搜索的位置进行评估，得到最好的位置，再从这个位置进行搜索直到目标。这样可以省略大量的搜索路径，提高了效率。在启发式搜索中，对位置的估价是十分重要的，采用不同的估价可以有不同的效果。

启发式方法的最初代表是 A* 算法，其新发展是 D* 和 Focussed D*。后两种是由 Stentz A 提出的增量式图搜索算法。D* 算法可以理解为动态的最短路径算法，而 Focussed D* 算法则利用了 A* 算法的主要优点，即使用启发式估价函数，两种方法都能根据机器人在移动中探测到的环境信息快速修正和规划出最优路径，减少了局部规划的时间，对于在线的实时路径规划有很好的效果。此外，还出现了一些基于 A* 的改进算法，它们一般都是通过修改 A* 算法中的估价函数和图搜索方向来实现的，可以较大地提高路径规划的速度，具有一定的复杂环境自适应能力[6]。

（2）基于采样的路径规划算法

20 世纪末由美国伊利诺伊大学（UIUC）学者 S. M. LaVane 设计了一种快速扩展随机树（Rapidly-exploring Random Tree，RRT），其目的主要是针对高维非凸空间进行搜索。通过快速扩展随机树可以得到一组特别的增长形式，而这个增长模式可以大大降低任何一个点与树之间的期待距离。这种方法比较适用于障碍物与随机约束而进行的路径规划。RRT 以及其优秀的变种 RRT-connect 则是在地图上每步随机撒一个点，以迭代生长树的方式，连接起止点为目的，最后在连接的图上进行规划。这些基于采样的算法速度较快，但是生成的路径代价较完备的算法高，而且会产生"有解求不出"的情况。这样的算法一般在高维度的规划问题中广泛运用。

(3) 基于行为的路径规划算法

基于行为的路径规划最具代表性的是 1986 年 Brooks 提出的包容式体系结构，其基本思想是把移动机器人所要完成的任务分解成一些基本的、简单的行为单元，机器人根据行为的优先级，结合本身的任务综合做出反应。在基于行为的机器人控制系统中，不同的行为要完成不同的目标，多个行为之间往往产生冲突，因此，涉及行为协调问题。Tyrrell 等人将行为协调机制的实现方法分为两类：仲裁机制和命令融合机制。仲裁机制在同一时间允许一个行为实施控制，下一时间又转向另一个行为。它能够解决在同一时间由于多重行为而使执行器产生冲突的弊端，该方法具有行为模式简单灵活、实时性、鲁棒性强等优点。但当有多种行为模式时，系统做出正确判断的概率会降低。而命令融合机制允许多个行为都对机器人的最终控制产生作用，这种机制适用于解决典型的多行为问题。该机制在环境未知或发生变化的情况下，能够快速、准确地规划机器人路径。但当障碍物数目增加时，该方法的计算量会增大，影响规划结果[7]。

在实际的应用当中，面对不同的工作环境、不同的规划任务、不同性能的机器人，不同的路径规划方法取得的效果也不一样。目前尚无一种规划方法能适用于所有的外界环境，往往是结合多种规划方法实现最优的路径规划。

6.2 经典路径规划方法

科研人员经过几十年的研究，已经提出了很多种路径规划的方法。目前应用较广的包括以几何法、栅格建模法、人工势场法为主的传统算法，以 A^*（A-Star）算法、D^* 算法为主的启发式搜索算法以及以遗传算法、神经网络算法为主的智能仿生算法。本节将对人工势场法、A^* 算法以及遗传算法做出详细的介绍。

6.2.1 人工势场法

人工势场法（artificial potential field，APF）最初由 Khatib 于 1985 年提出，后来成功地应用到了他的博士论文中机械臂的避障运动规划上，实现了机械臂的实时避障。该法同样适用于移动机器人的路径规划，并常用于多个变量下的移动机器人领域。

人工势场法引入了物理学中场论的概念，其把移动机器人在环境中的运动视为一种在人工虚拟力场中的运动[8]。其基本思想是目标物产生吸引势对机器人产生引力作用，而障碍物产生排斥势对机器人产生斥力作用。吸引势和排斥势叠加构成机器人运动的虚拟势场，势场的负梯度作为作用在机器人上的虚拟力，也即机器人在引力和斥力的合力下运动，该思想类似于电子在正负电荷产生的电场中的运动，势场力分析示意图如图6-1所示。

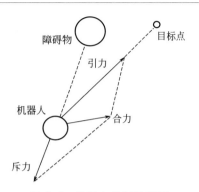

图6-1 势场力分析示意图

采用人工势场法来解决机器人的路径规划问题，需要首先建立势场函数解决势场力，再由势场力驱动机器人向目标点移动。势场函数包括多种类型，主要有虚拟力场、牛顿型势场、圆形对称势场、超四次方势场以及调和场等。无论采取何种类型的势场函数，都是试图使障碍物的分布情况及其形状等信息反映在环境每一点的势场值当中去。势场函数由引力势场函数和斥力势场函数组成。

假设机器人为一个点，则所得的势场是二维的 (x,y)。并假定一个势场函数 $U(q)$ 是可微的，则可得到作用于位置 $q=(x,y)$ 的人工力 $F(q)$ 为：

$$F(q)=-\nabla U(q) \tag{6-1}$$

式中　$\nabla U(q)$ ——在位置点 q 处的梯度向量，其方向为 q 处势场变化率最大的方向。

对于二维空间中的 $q(x,y)$ 有：

$$\nabla U(q)=\begin{bmatrix}\dfrac{\partial U}{\partial x}\\[2mm]\dfrac{\partial U}{\partial y}\end{bmatrix} \tag{6-2}$$

（1）斥力势场函数的选取

在势场当中，障碍物产生的势场对机器人产生排斥作用。当机器人距障碍物越近时，排斥力越大，机器人具有的势能越大；当机器人距离障碍物越远时，排斥力越小，机器人具有的势能越小。这种排斥力在障碍物与机器人之间距离大于一定范围时应该等于 0。该势场与电势场相似，即势能的大小与距离成反比关系，因此可取斥力势场函数[8]：

$$U_{\text{rep}}(q) = \begin{cases} \dfrac{1}{2} K_{\text{rep}} \left(\dfrac{1}{\rho(q)} - \dfrac{1}{\rho_0} \right)^2 & \rho(q) \leqslant \rho_0 \\ 0 & \rho(q) > \rho_0 \end{cases} \tag{6-3}$$

式中　$U_{\text{rep}}(q)$ ——排斥势位；

　　　K_{rep} ——正比例因子；

　　　$\rho(q)$ ——q 点到物体的最短距离；

　　　ρ_0 ——物体的影响距离。

当 q 点越接近障碍物时，排斥势位趋于无穷大。因此可得排斥力 F_{rep}：

$$\begin{aligned} F_{\text{rep}}(q) &= -\nabla U_{\text{rep}}(q) \\ &= \begin{cases} K_{\text{rep}} \left(\dfrac{1}{\rho(q)} - \dfrac{1}{\rho_0} \right) \dfrac{1}{\rho^2(q)} \dfrac{q - q_{\text{obstacle}}}{\rho(q)} & \rho(q) \leqslant \rho_0 \\ 0 & \rho(q) > \rho_0 \end{cases} \end{aligned} \tag{6-4}$$

（2）引力势场函数的选取

在势场当中，目标物产生的势场对机器人产生引力作用。当机器人距离目标物越远时，吸引力作用越大；当距离越小时，吸引力就越小，而当距离为零时，机器人的势能为 0，此时机器人抵达终点。该性质与弹性势能相似，弹性势能与距离的平方成正比，因此可取吸引势函数：

$$U_{\text{att}}(q) = \frac{1}{2} K_{\text{att}} \rho_{\text{goal}}^2(q) \tag{6-5}$$

式中　$U_{\text{att}}(q)$ ——吸引势位；

　　　K_{att} ——正比例因子；

　　　$\rho_{\text{goal}}(q)$ ——q 点到目标物的距离。

因此，可得吸引力 F_{att}：

$$\begin{aligned} F_{\text{att}}(q) &= -\nabla U_{\text{att}}(q) \\ &= -K_{\text{att}} \rho_{\text{goal}}(q) \nabla \rho_{\text{goal}}(q) \\ &= -K_{\text{att}}(q - q_{\text{goal}}) \end{aligned} \tag{6-6}$$

（3）全局势场的生成

全局势场可由斥力势场和引力势场的和得到，应用叠加原理可得全局势场 $U(q)$ 为：

$$U(q) = U_{\text{att}}(q) + U_{\text{rep}}(q) \tag{6-7}$$

合力的计算公式为：

$$F(q) = -\nabla U(q) = -\nabla U_{att}(q) - \nabla U_{rep}(q) = F_{att}(q) + F_{rep}(q) \quad (6\text{-}8)$$

人工势场法的优点在于其结构简单、易于实现，便于底层的实时控制。在理想条件下，通过设置一个正比于场力向量的机器人速度向量，与球绕过障碍物向山下滚动一样，可得到平滑的运动路径。并且由于斥力场的作用，机器人总是会远离障碍物的势场范围，因此其路径也是安全的。同时，系统的路径生成与控制直接与环境实现了闭环，从而大大加强了系统的适应性和避障性能。

但是人工势场法也具有其局限性。在实际的应用当中，其主要问题在于当环境信息相对复杂时，机器人以某种特殊的运动状态位于目标物与障碍物所形成的特殊位置时，机器人将不能顺利抵达目标点，这些问题主要描述如下。

（1）全局最小值问题

如图 6-2 所示，在目标点周围存在障碍物，当机器人逐渐向目标点靠近时，会进入障碍物影响范围之内。此时，机器人距离目标点越近，其受到的引力越大，而机器人距离障碍物越近时，其受到的排斥力也会急剧增大。在该情形下，目标点不是全局总势场的最低点，机器人也将无法抵达目标点，此为人工势场法的目标不可达问题。

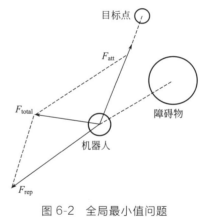

图 6-2　全局最小值问题
分析示意图

（2）局部极小值问题

如图 6-3 所示，当目标点对机器人产生的吸引力以及障碍物对机器人的排斥力正好大小相等方向相反时（即引力与斥力所形成的合力为零时），机器人会误以为已经抵达目标点，就此停滞不前或徘徊，最终不能抵达目标点。

（3）路径震荡问题

同样是在机器人所受合力为零的情况下，但此时机器人的速度没有减少到零，因此机器人在惯性的作用下会继续向前移动。离开合力为零点之后，机器人受到排斥力的作用，速度逐渐减小为零后开始向后运动。如此循环往复，机器人会在障碍物面前产生震荡现象，将不能抵达目标点。

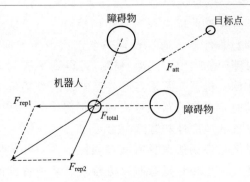

图 6-3　局部极小值问题分析示意图

6.2.2　A* 算法

在人工智能研究领域中，有一类叫作问题求解或问题求解智能体。它是以符号和逻辑为基础，在智能体不存在单独的行动来解决问题的时候，将如何找到一系列行动使其到达目标位作为研究内容。移动机器人的路径规划问题就是问题求解或问题求解智能体其中之一，这类问题的解决办法通常采用搜索算法。

用算法求解问题一般都是采用状态空间搜索，即在状态空间中寻找一个合适的解来解决问题。常用的状态空间搜索主要有两大类：一类是无信息搜索（uninformed search）；另一类是启发式搜索（heuristic search）。启发式搜索和无信息搜索最大的区别就是引入了启发信息。在启发式搜索中，对状态空间中的节点需要通过估价函数对其进行估价，进而利用启发信息选择可能取得更好估价值的节点进行拓展，这样就避免了无信息搜索中过多的无效搜索，极大地提高了搜索效率，减少了计算量。

Dijkstra 算法是一种单源性质的最优化算法形式，该算法主要是用来计算某一个节点与其他所有节点之间的最短距离。其特色就是以起始点为出发点，然后向着四周进行层层扩散，直到达到终点位置。该算法形式是以物体的起始位置为出发点对地图中的节点进行查询。这种算法通过对节点集中的点进行迭代式检查，进而可以将附近的尚没有经过检查的点加入节点集。这样的节点集可以构成以起始点为出发点然后直到最终的目标点的所有节点。这种算法总是可以找到这样的最优化路径，但是前提是对于所有的边都存在一个非负的代价值。

最佳优先搜索（BFS）算法与 Dijkstra 算法形式有着某种相似的地方，而所差异的部分主要是集中在这种算法侧重分析所处结点与目标点之间所付出的代价大小。它不是选取离初始点最近的位置，而是偏向性选取趋向目标点附近的位置。该算法的缺点是可能无法寻找到最优路径。不过该算法在速度上有明显提升，毕竟它仅仅利用了单一的启发式函数就可以实现目的。

A*（A-Star）算法是 P. E. Hart、N. J. Nilsson 和 B. Raphael 等人在 1968 年综合 Dijkstra 算法和 BFS 算法的优点而提出来的一种非常有效的启发式路径搜索算法。A* 算法的基本思想是把到达节点的代价 $g(n)$ 和从该节点到目标节点的代价 $h(n)$ 结合起来对节点进行评价。

$$f(n)=g(n)+h(n) \tag{6-9}$$

式中　$f(n)$——从初始状态经由状态 n 到目标状态的代价估计；

　　　$g(n)$——在状态空间中从初始状态到状态 n 的实际代价；

　　　$h(n)$——从状态 n 到目标状态的最佳路径的估计代价。

注意：对于路径搜索问题，状态就是图中的节点，代价就是距离。

$h(n)$ 在评价函数中起关键性作用，决定了 A* 算法效率的高低。若 $h(n)$ 为 0，那么就只是 $g(n)$ 有效果，A* 算法就成为 Dijkstra 算法，这样就能够寻找到最短路径。若 $h(n)$ 的预算代价小于节点到目标的真实代价，那么此时 A* 算法同样可以达到搜索出最优路径的目的。如果 $h(n)$ 越小，那么 A* 算法经过扩展得到的结点就会增加，此时的运行速率就会降低。若 $h(n)$ 的预算距离精确到与某一节点到目标点之间的真实代价相等，那么此时 A* 算法就可以更快寻找到最佳路径，同时其也不会进行额外拓展，此时的速率将达到最快。若 $h(n)$ 所付出的代价是要高于某一节点与目标点，那么此时可能就无法寻找到最佳路径，但是速率提升了。而另一种情况是，若 $h(n)$ 比 $g(n)$ 大很多，此时$g(n)$ 的作用基本被忽略，那么算法就变成了 BFS 算法。在路径规划中，我们通常用曼哈顿（Manhattan）距离或者欧式（Euclid）距离来预估费用[9]。

A* 算法的具体步骤如下。

第一步：假设起始节点是 A，目标节点是 B，初始化 open list 和 close list 两个表，把起始节点 A 放入 open list 中。

第二步：查找 open list 中的节点，假如 open list 为空，那么失败退出，说明没有找到路径。

第三步：假如 open list 不是空的，从 open list 中取出 F 值最小的节点 n，同时放入 close list 中。

第四步：查看 n 是不是目标节点 B。如果是，则成功退出，搜索到最优路径；如果不是，就转到第五步。

第五步：判断 n 节点是否有子节点，若无则转到第三步。

第六步：搜索 n 节点所有子节点，计算 n 的每一个子节点 m 的 $F(m)$。

① 假如 m 已经在 OPNE 表中，则对刚刚计算的 $F(m)$ 新值和在表中的 $F(m)$ 旧值进行比较。如果新值小，说明找到一条更好的路径，则以新值代替表中的旧值。修改这个节点的父指针，将它的父指针指向当前的节点 n。

② 假如 m 在 open list 中，则将节点 m 和它的子节点刚刚算出的 F 新值和它们以前计算的 F 旧值进行比较。如果新值小，说明找到一条更好的路径，则用新值代替旧值。修改这些节点的父指针，把它们的父指针指向 F 值小的节点。

③ 假如 m 既不在 open list 也不在 close list，就把它加入 open list 中。接着给 m 加一个指向它的父节点 n 的指针。最后找到目标节点之后可以根据这个指针一步一步查找回来，得出最终的路径。

第七步：跳到第三步，继续循环，直到搜索出路径或者找不到退出为止。

A^* 算法的基本程序流程如图 6-4 所示。

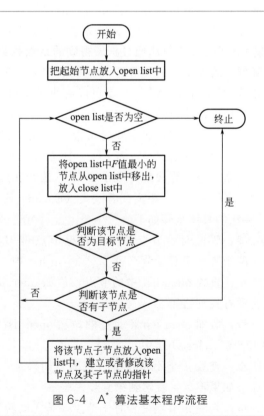

图 6-4　A^* 算法基本程序流程

A* 算法规划时使用栅格法相当于将移动机器人的工作环境模拟成为栅格地图，从而对移动机器人工作空间进行数学模型构建。根据移动机器人车体的大小，在栅格地图的构建中，先设定单个网格的边长 R，边长被固定后，每一个网格的面积即为 $W = R^2$。同时由于在每一个栅格上记录着机器人的移动情况以及障碍信息，因此栅格的属性也被确定。假设障碍物存在于某一栅格内，则此栅格被定义为障碍栅格，若任一栅格之中没有任何的障碍物，那么这样的栅格就是自由栅格，那么此时机器人就能够通过栅格。当栅格之中存在障碍物时，不管是否有障碍物占据整个栅格，那么此时都应该依据障碍物的栅格来进行区分。

这里以一个例子加以说明，如图 6-5 所示，在一个平面二维地图中假设机器人要从 A 点移动到 B 点，但是两点之间被一个障碍物堵住，我们这里以一个方格中心点构成一个"节点"，利用 A* 算法规划路径如下。

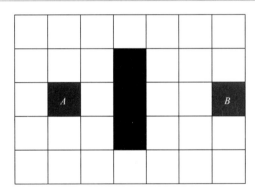

图 6-5　简单的 A 到 B 的路径规划问题

（1）开始搜索

从起点 A 开始，并把它加入一个由节点组成的 open list（开放列表）中。open list 是一个待检查的节点列表。查看与起点 A 相邻的方格（忽略其中障碍物所占领的方格），把其中可走或可到达的节点也加入 open list 中。把起点 A 设置为这些方格的父节点。把 A 从 open list 中移除，加入 close list（封闭列表）中，close list 中的每个节点都是现在不需要再关注的，搜索到与 A 相邻的节点，分别记录每个节点的 F、G 和 H，如图 6-6 所示。

本例横向和纵向的移动代价 G 为 10，对角线的移动代价 G 为 14（勾股定理斜边距离取整）。H 为从指定的节点移动到终点 B 的估算成本，这里采用 Manhattan 估价函数，计算当前节点横向或者纵向移动到达目标所经过的节点数（忽略对角移动），相邻节点距离为 10。

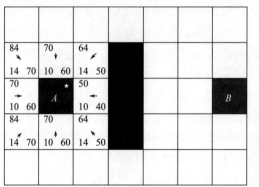

图 6-6　起点搜索所有相邻的节点

（2）循环搜索直至结束

为了继续搜索，我们从 open list 中取出 F 值最小的节点（A 节点右侧节点），将其放入 close list 中。搜索该节点所有可达的相邻节点，该节点可达的所有节点均已存在 open list 中且 G 值比已保存的值大，所以不做任何操作。

在 open list 中继续选择 F 值最小的节点，若有多个节点 F 值相同，选择最后加入 open list 的那个节点，这里选择 A 节点右下角节点，搜索并刷新后如图 6-7 所示。

注意：障碍物及其靠近其旁侧的节点不可对角穿越（可能发生碰撞）。

图 6-7　循环搜索 open list 中的节点

按 F 值大小顺序搜索 open list 中的节点的相邻节点，直至搜索到目标节点 B 停止，如图 6-8 所示。

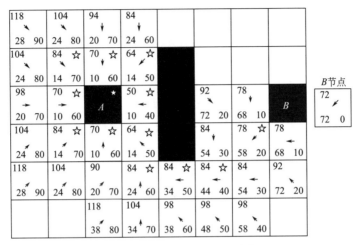

图 6-8　搜索到目标节点结束

(3) 保存路径

从终点开始，每个节点沿着父节点移动直至起点，这就是规划好的路径，如图 6-9 所示。

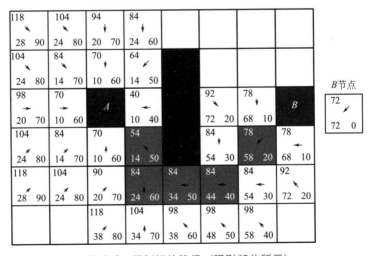

图 6-9　规划好的路径（阴影部分所示）

因为 $g(n)$ 给出了从起始节点到节点 n 的路径代价，而 $h(n)$ 给出

了从节点 n 到目标节点的最低代价路径的估计代价值，因此 $f(n)$ 就是经过节点 n 到目标节点的最低代价解的估计代价。因此，如果想要找到最低代价解，首先尝试找到 $g(n)+h(n)$ 值的最小节点是合理的，并且，倘若启发函数 $h(n)$ 满足一定的条件，则 A* 搜索既是完备的又是最优的重新规划从当前位置到目标点的路径。如此循环直至机器人到达目标点或者发现目标点不可达。但如果机器人在动态环境或者未知环境中运动的时候，机器人很可能非常频繁地遇到当前探测环境信息和先验环境信息不匹配的情形，这就需要进行路径再规划，重新规划算法仍然是一个从当前位置到目标点的全局搜索的过程，运算量较大，在重新规划期间，机器人或者选择停下来等待新的生成路径，或者按照错误的路径继续运动，因此，快速的重新规划算法是非常重要的[10]。

6.2.3　遗传算法

遗传算法是一类借鉴生物界自然选择和自然遗传机制的随机搜索算法，达尔文的自然选择学说是遗传算法发展的基础。其最初是在 20 世纪 60 年代末期到 70 年代初期由美国 Michigan 大学的 John Holland 提出的。该方法是 John Holland 与其同事、学生在细胞自动机研究过程中，从自然复杂中生物的复杂适应过程入手，模拟生物进化机制而构造的人工系统模型。20 世纪 70 年代，De Jong 基于遗传算法的思想在计算机上进行了大量的纯数值函数优化计算实验。20 世纪 80 年代由 Goldberg 进行归纳总结，形成了遗传算法的基本框架。在随后的几十年当中，遗传算法得到了极大的发展，特别是进入 20 世纪 90 年代以后，遗传算法迎来了兴盛发展时期，无论是理论研究还是应用研究都成了十分热门的课题。目前遗传算法已经被广泛地应用于机器人系统、神经网络学习过程、模式识别、图像处理、工业优化控制、自适应控制、遗传学以及社会科学等领域。

由于遗传算法是由进化论和遗传学机理而发展起来的搜索算法，所以该算法会涉及一些生物遗传学当中的术语，现简要介绍如下[11]。

① 染色体。细胞内具有遗传性质的遗传物质深度压缩形成的聚合体，是遗传信息的主要载体。

② 遗传因子。即基因，是具有遗传效应的 DNA 片段，也是控制生物形状的基本遗传单位。

③ 个体。染色体带有特征的实体。

④ 种群。染色体带有特征的个体的集合，是进化的基本单位。

⑤ 进化。生物以种群的形式，逐渐适应期生存环境，使其品质不断得到改良的生命现象，其实质是种群基因频率的改变。

⑥ 适应度。表示个体对环境的适应程度，对生存环境适应程度比较高的物种将获得更多的繁衍机会，而对生存环境适应程度比较低的物种将获得较少的繁衍机会，甚至会逐渐灭绝。

⑦ 选择。生物在生存斗争中适者生存、不适者被淘汰的现象。

⑧ 复制。由亲代 DNA 合成两个相同子代 DNA 的过程。

⑨ 交叉。有性生殖生物在繁殖下一代时两个同源染色体之间通过交叉而重组，亦即在两个染色体的某一个相同位置处 DNA 被切断，其前后两串分别交叉组合形成两个新的染色体，该过程又被称为基因重组。

⑩ 变异。亲子之间以及子代个体之间性状表现存在的差异的现象，可分为基因重组、基因突变和染色体畸变。

⑪ 编码。DNA 中遗传信息在一个长链上按照一定的模式排列，也即进行了遗传编码。遗传编码可看作为从表现型到遗传子型的映射。

⑫ 解码。从遗传子型到表现型的映射。

遗传算法的基本操作包括选择、交叉和变异，该算法利用这些遗传操作来编写控制机构的计算程序，用数学方式对生物进化的过程进行模拟。遗传算法的运行过程是一个不断迭代的过程，它从一个具有潜在解集的初始种群开始，利用自然遗传学的遗传算子进行交叉、变异，不断繁殖下一代种群。对于每一代新繁殖的种群，将根据个体的适应度，按照优胜劣汰以及适者生存的原则对种群个体进行筛选，这样逐代演化便可产生更好的近似解。该过程通过模拟自然进化过程得到的后生种群将会比前代种群更加适应于环境，将末代种群中的最优个体进行解码即可得到问题近似的最优解。基本遗传算法的主要操作步骤如下。

第一步：指定编码、解码策略。

第二步：随机产生 M 个个体以构成初始种群。

第三步：根据适应度函数确定个体的适应度。

第四步：判断是否满足算法的终止条件，若满足则转至第六步。

第五步：对种群的个体进行选择、交叉和变异操作，产生新一代种群并转至第三步。

第六步：输出搜索结果并终止算法。

基本遗传算法的程序流程图如图 6-10 所示。

根据遗传算法的基本流程图可知，遗传算法主要由编码方式、初始种群的产生、适应度函数、遗传操作、算法终止条件以及算法的参数设置 6 个部分组成。

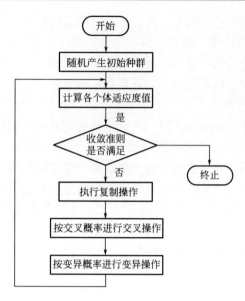

图 6-10　遗传算法流程

（1）编码方式

编码是应用遗传算法首要解决的问题。编码是将一个问题的可行解从其物理空间转换到遗传算法所能处理的搜索空间的转换方法，形象的解释就是将个体的信息变换转化成为计算机能够识别的机器语言以供计算机进行计算。编码方法不仅决定了个体从搜索空间的基因型变换到物理空间的表现型的解码方法，也关系到了交叉、变异等运算方法。同时，编码的长度也是影响计算时间的主要因素之一。由此可见，编码方法是应用遗传算法的关键步骤。De Jong 曾经提出了两条操作性较强的实用编码原则：第一条是积木块编码原则，指的是应使用易于产生与所求问题相关的低阶、短长度的编码方案；第二条是最小字符集编码原则，指的是应使用使问题得到自然表示的、具有最小编码字符集的编码方案。

常用的编码方法包括二进制编码方法、格雷码编码方法、浮点数编码方法、符号编码方法、多参数级联编码方法以及多参数交叉编码方法。

（2）初始种群的产生

初始种群的选择一般采用随机产生的方法，一般来讲，可以采用以下两条策略。第一，根据问题的固有知识，设法把握最优解所占空间在整个问题空间中的分布范围，然后在此范围内设定初始种群。第二，先随机生成一定数目的个体，然后从中挑出最好的个体加到初始种群当中。重复该过程，直到初始种群中的个体数目达到预先确定的规模。

采用随机的方法获取初始种群不依赖于问题本身，因此随机产生的初始种群可以更清楚地考察算法的行为和性能。对于存在具有约束的非线性规划问题，随机产生的初始种群可能存在着不满足约束条件的不可行解，但是对于一个优良的算法来说，并不会影响其得到最后的优化结果，而对于优化的速度来说，则可能带来一定的影响。若初始群体都是可行解，则可以加快收敛速度。

（3）适应度函数

在进化论中，适应度用以表示个体对环境的适应能力。个体对生存环境的适应程度越高，将会有更多的繁殖机会。在遗传算法中同样采用了适应度的概念，用以衡量种群中各个个体在优化计算当中接近最优解的程度。从数学的角度分析可知，遗传算法是一种概率性搜索算法，种群中的每一个个体被遗传到下一代中的概率是由该个体的适应度确定的。因此，在该算法当中种群的进化过程是以种群中每个个体的适应度的大小为依据的，通过反复迭代并不断寻求适应度较大的个体以便最终获取问题的最优解。

遗传算法中个体适应度的度量可利用适应度函数完成。由于遗传算法在进行搜索的过程当中基本不需要借助外界的信息，仅仅以适应度函数为依据，因此适应度函数设计的合理与否直接影响算法整体的性能。若是过分追求当前适应度较优的个体，会使这些个体在下一代种群当中占有较高的比例，从而会降低种群的多样性，导致算法出现早熟的现象；反之则会使算法的收敛过程延长。

适应度函数的设计主要满足以下条件。

① 单指、连续、非负、最大化。

② 合理、一致性，即要求适应度值能够反映对应解的优劣程度。

③ 计算量小，以便节约存储空间和减少计算时间。

④ 通用性强，对同类的具体的问题应具有普遍的适用性。

（4）遗传操作

遗传算法中的遗传操作一般包括3个基本的遗传算子，分别为选择算子、交叉算子以及变异算子。

① 选择算子。在遗传算法中利用选择操作来确定从父代种群遗传到子代的个体，选择算子依据优胜劣汰的原则对种群中的个体进行筛选操

作。选择策略对算法的性能也有一定的影响，不同的选择策略将会导致不同的选择压力。常用的选择算子的方法包括轮盘赌选择法、繁殖池选择法、竞标赛选择法等。

② 交叉算子。进行选择操作只是从种群中挑选优秀的个体，并没有产生新的个体。要想产生新的个体，就必须接触交叉操作和变异操作。交叉操作是模拟生物进化的交配重组环节，在生物的自然进化过程中，两个相互配对的染色体按某种方式相互交换部分基因从而产生新的物种。由此可见，在进行交叉运算之前需要对种群中的个体进行配对，常采用随机配对的方法。此外，交叉算子的设计和实现与所研究的问题密切相关，一般要求它既不要太多地破坏个体编码串中表示优良性状的优良模式，又要能够有效地产生一些较好的新个体模式，交叉算子的设计要和个体编码设计进行统一的考虑。基本的交叉算子包括单点交叉、双点交叉以及多点交叉。

③ 变异算子。仅仅利用交叉操作会使种群失去多样性，其得到的结果可能只是局部最优解。为了保证种群物种的多样性，可采取变异操作。变异操作是以较小的概率将个体染色体编码串中的某些基因座上的基因值用该基因座的其他等位基因来替换，从而可以产生一个新的个体。变异操作主要有两个步骤：第一步是在种群所有个体的码串范围内随机地确定基因位置；第二步是以事先设定的变异概率 P_m 对这些基因座的基因值进行变异。常用的变异操作方法包括基本位变异法、均匀变异法、正态性变异法以及自适应性变异法等。

（5）算法终止条件

当最优个体的适应度达到给定的阈值，或者是最优个体的适应度和种群适应度不再上升时，或是迭代次数达到预设的代数时，算法即可终止。

（6）算法的参数设置

遗传算法中各个参数的选取是很重要的，不同的参数会对遗传算法的性能产生不同的影响。遗传算法中主要的参数包括种群规模、染色体长度、交叉概率及变异概率等。种群规模较大容易找到全局最优解，但是其缺点是增加了每次迭代的时间。染色体的长度主要是由问题求解的精度所决定，精度越高则搜索空间越大，相应地要求种群大小设置大一些。交叉概率的选择决定了交叉操作的频率，交叉频率越高可使各代能够充分交叉，能较快地收敛到最有希望的最优解的区域，但是过高的交叉概率又可能导致早熟现象；同时若是交叉概率过低，则会使种群中更多的个体被直接复制到下一代，可能导致遗传搜索陷入停滞状态。变异概率的选择决定了变异操作的频率，变异概率较大时，可以增加种群的多样性，但是可能会破坏掉好的个体；反之，若变异概率选取较小，则会导致产生新个体和抑制早熟现象的能力下降。

本节将要介绍的是一种基本的基于遗传算法的服务机器人路径规划的方法。在应用遗传算法进行路径规划之前，需要对机器人所处的环境信息进行处理，采用的环境建模方法即为上文中提及的栅格建模法，然后用一串网格序号的有序排列表示一条机器人的运动路径，算法运作之前采用多条路径组成初始种群作为优化搜索基础，最后利用遗传算子对种群进行遗传操作从而得到最优的路径。下面将基于遗传算法的机器人路径规划方法进行详细介绍。

（1）环境建模

机器人的环境建模采用栅格建模法[12]。假设机器人的工作空间为二维结构化空间，工作空间中障碍物的位置及大小已知，并且在机器人运动的过程当中，障碍物的位置与大小均不会发生变化。用尺寸相同的栅格对机器人的工作空间进行划分，网格的大小以机器人自身的尺寸为依据。若在某一栅格内不存在障碍物，则该栅格为自由栅格；若在某一栅格内存在障碍物，则该栅格为障碍栅格。栅格的标识方法则采用序号法，经过划分后的机器人工作空间示意图如图 6-11 所示。

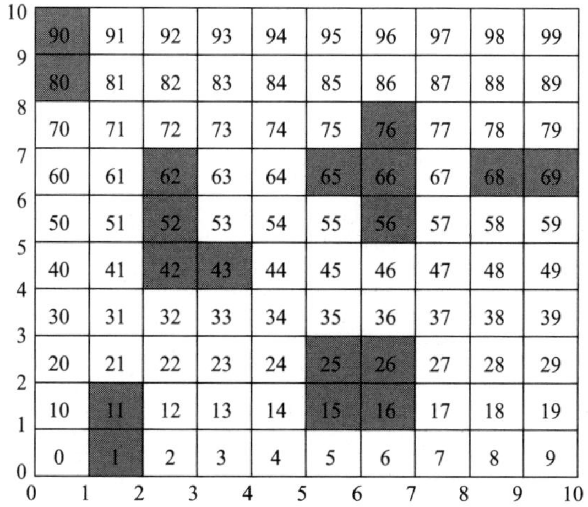

图 6-11　机器人工作空间示意图

(2) 路径个体编码

所谓编码，是将一个问题的可行解从其解空间转换到遗传算法所能处理的搜索空间的转化过程。机器人路径规划的一个个体是机器人从出发点抵达目标点的一条路径。假设 0 点是机器人的出发点，99 是机器人应当抵达的目标点，则一条路径可以表示为：[0，11，12，13，14，15，26，37，48，59，69，79，89，99]，即每条染色体都是由一组栅格的序号所组成，并且每条路径中不能出现重复的栅格序号，图 6-12 所示为一条路径与其对应的染色体。

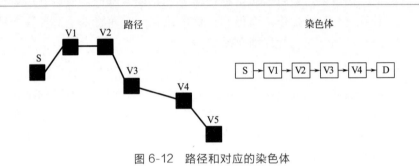

图 6-12　路径和对应的染色体

(3) 种群初始化

种群初始化的目的是为了提供一群个体作为遗传算法开始迭代的起点。初始种群的产生要具备随机性，可采用随机产生染色体的方法，初始路径的产生过程如下：从起始栅格出发，随机选取与起始栅格相邻的自由栅格作为下一路径点，如此往复，直到抵达终止栅格为止。

在一条路径的产生过程中，为避免产生重复路径，当一个栅格被选中之后，随后的随机选择都会将该栅格忽略。若选择一个栅格后，发现该栅格不是终止栅格并且该栅格所有相邻栅格均在前面的步骤中被选中，则视该栅格为无效点，应当退回到前一个栅格处进行重新选择。

(4) 适应度函数

每一条染色体的优劣程度是通过适应度函数来判定的。在一般情况下将路径最短作为优化目标，因此适应度函数可以取路径长度的倒数，即当路径越长时，适应度越小；当路径越短时，适应度就越大。所采用的适应度评价函数如式(6-10) 所示。

$$f = \frac{1}{(1+1/\sqrt{n+1})d} \tag{6-10}$$

式中　n——个体路径中所包含的栅格的数目；

　　d——个体路径的长度。

　　（5）遗传算子的设计

　　① 选择算子。随机从种群中选出一部分个体并根据适应度函数计算出每个个体的适应度，将其中适应度最好的一部分个体遗传到下一代。

　　② 交叉算子。随机从种群中选出两个个体，对其栅格序号相同的点进行交叉。若重合的点不止一个，则随机选择一个重合点进行交叉操作。若无重合点，则不进行交叉操作。

　　③ 变异算子。变异方式主要有3种：第一种是随机删除除起始点序号和终止点序号外的一个栅格序号；第二种是在个体中随机选取一点并插入新序号；第三种是在个体中随机选取一个序号并用另一个随机产生的序号进行替代。

　　遗传算法直接以适应度值作为搜索信息，并不要求适应度函数是可导的或是连续的。因此，对于多目标函数、难以求导的函数或是导数不存在的函数的优化问题，采取遗传算法较为方便。同时，遗传算法从初始种群出发，经过一系列的遗传操作产生新的种群，它每次对种群的所有个体同时进行操作，而并非只针对于种群中的某一个个体。因此遗传算法是一种全局的并行搜索算法，搜索速度较快并且陷入局部极小的可能性也大为降低。但是，遗传算法在实际应用过程中也存在着许多局限性，比如会出现迭代次数多、收敛速度慢、易陷入局部极值和过早收敛等现象。

6.3 服务机器人路径规划优化

　　随着计算机、传感器及控制技术的发展，特别是各种新算法不断涌现，移动机器人路径规划技术已经取得了丰硕的研究成果。在上几节中详细介绍了几种移动机器人常用的路径规划的基本方法，它们适用于不同的场合，但是它们在具体规划时存在着一些明显的不足之处。下面首先将对上述方法进行改进，以便其更好地应用于服务机器人的路径规划当中，然后阐述服务机器人路径规划研究方向的延伸和拓展。

6.3.1 人工势场法的改进

　　在诸多机器人的路径规划方法中，人工势场法是一种较为成熟的方法，目前已经得到了广泛的应用。人工势场法是一种虚拟力的方法，目标点对机器人产生引力而障碍物点对机器人产生排斥力，机器人在目标点和障碍物点的合力下前进。其数学表达式简洁、计算量小、实时性高、反应速度快、规划路径平滑。但是传统的人工势场法存在着局部极小值等问题，这些问题都限制了人工势场法在路径规划中的应用。下面将对传统的人工势场法提出改进方法。

(1) 势场函数改进法

对人工势场法中的势场函数进行改造可以有效解决其全局最小值（目标不可达）问题。产生全局最小值问题的原因是在目标点周围存在着障碍物，当机器人向目标点逼近的时候，也进入了障碍物的影响范围，造成的结果是目标点不是全局范围内的最小点，导致机器人无法正常抵达目标点。

可以对斥力场函数进行改造，当机器人靠近目标点的时候，使斥力场趋近于零，这样就可以让目标点成为全局势能的最低点。改造后的斥力场函数表达式如下[13]：

$$U_{rep}(q) = \begin{cases} \dfrac{1}{2}K_{rep}\left(\dfrac{1}{\rho(q)}-\dfrac{1}{\rho_0}\right)^2 (X-X_g)^n & \rho(q) \leqslant \rho_0 \\ 0 & \rho(q) > \rho_0 \end{cases} \tag{6-11}$$

与原有的排斥函数相比较，改进后的函数增加了因子 $(X-X_g)^n$，该因子被称为距离因子，表示的是机器人与目标点之间的距离；X 是机器人的位置向量；X_g 是目标点在势场中的位置向量；n 为一个大于零的任意实数。

此时可得排斥力 F_{rep}：

$$\begin{aligned} F_{rep}(q) &= -\nabla U_{rep}(q) \\ &= \begin{cases} F_{rep1}(q)+F_{rep2}(q) & \rho(q) \leqslant \rho_0 \\ 0 & \rho(q) > \rho_0 \end{cases} \end{aligned} \tag{6-12}$$

其中：

$$F_{rep1}(q) = k_{rep}\left(\dfrac{1}{\rho(q)}-\dfrac{1}{\rho_0}\right)\dfrac{1}{\rho^2(q)} \times (X-X_g)^n \dfrac{\partial \rho(q)}{\partial X} \tag{6-13}$$

$$F_{rep2}(q) = -\dfrac{n}{2}k_{rep}\left(\dfrac{1}{\rho(q)}-\dfrac{1}{\rho_0}\right)^2 (X-X_g)^{n-1} \times \dfrac{\partial(X-X_g)}{\partial X} \tag{6-14}$$

改进后的排斥函数引入了距离因子，将机器人与目标点的距离纳入了考虑范围，从而保证了目标点是整个势场的全局最小点。

(2) 虚拟目标点法

采用势场函数改进的方法虽然可以解决目标不可达问题，但是在机器人的行进过程中，若在抵达目标点前的某一点时受到的合力为零，机器人将误以为抵达目标点，从而会停止前进或是在该点处来回振荡，导致路径规划失败，这个问题被称为局部极小点问题。

解决局部极小点问题可以采用虚拟目标点法。该方法的基本思想是当机器人检测到自身已经陷入局部极小点之后，系统会在原有目标点附近增设一个虚拟的目标点。由于增设了虚拟目标点，会使机器人在局部极小值位置点受到的合力不为零。正是在该虚拟目标点产生的虚拟力的作用之下，可以使机器人摆脱局部极小值点继续前进。当机器人摆脱了局部极小值点之后撤销该虚拟目标点即可，该方法下机器人的受力分析图如图 6-13 所示。

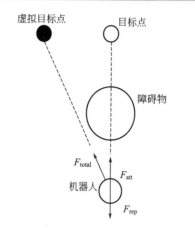

图 6-13　改进人工势场法受力分析

6.3.2　A* 算法的改进

针对静态环境，A* 算法能够针对两点之间的最优距离进行计算。然而依据以往以栅格为基础的 A* 路径规划算法在进行移动机器人路径规划时，由于复杂环境约束的存在，在搜索空间上规划出的路径可能并非最优；实际问题的复杂性也可能导致路径规划时间出现延迟。针对上述路径规划存在的问题，可以从搜索条件、规划空间和时间等指标上对基于传统 A* 算法的移动机器人路径规划提出改进。

（1）搜索条件的改进

保证找到最短路径（最优解的）条件，关键在于估价函数 $f(n)$ 的选取［或者说 $h(n)$ 的选取］。我们以 $d(n)$ 表达状态 n 到目标状态的距离，那么 $h(n)$ 的选取大致有如下 3 种情况。

① 如果 $h(n)<d(n)$，则在这种情况下，搜索的点数多，搜索范围大，效率低，但能得到最优解。

② 如果 $h(n)=d(n)$，即距离估计 $h(n)$ 等于最短距离，那么搜索将严格沿着最短路径进行，此时的搜索效率是最高的。

③ 如果 $h(n)>d(n)$，则搜索的点数少，搜索范围小，效率高，但不能保证得到最优解。

　　在 A^* 算法执行过程中，消耗时间最多的操作是从存放待扩展节点的 OPEN 表中提取出使估价函数 $f(n)$ 值最小的节点，找到该节点后才能在此节点的基础上继续扩展下一个节点。寻找使估价函数 $f(n)$ 值最小的节点时用到了循环比较的方式，循环比较 OPEN 表中的每个节点后，才能找出满足条件的节点，而循环比较费时。如果对 OPEN 表中的节点不采取任何排序措施，则 OPEN 表中节点的排序就是乱的，每次提取满足条件的节点都需要重新遍历比较一次 OPEN 表。假设 OPEN 表中有 n 个待扩展节点，找出估价函数 $f(n)$ 值最小的节点的时间复杂度为 $o(n^2)$。由此可见仅仅寻找一个节点的时间复杂度是 $o(n^2)$，而航迹是由很多这些节点组成，待扩展节点的数目就更多，利用循环比较的方式寻找所需节点的时间消耗是很大的[14]。如果对 OPEN 表中的节点按照估价函数 $f(n)$ 值的大小进行排序的话，每次提取满足要求的节点时就很方便了，OPEN 表头的节点就是所提取的节点。由于 OPEN 表中节点数目众多，一般可选用的排序方法有基数排序、快速排序等。

　　(2) 空间上的领域扩展

　　在栅格地图形式上，使用 A^* 算法进行路径规划，每个栅格的中心都存储着节点所有信息状态，节点临近的 8 个区域都是这个节点的扩展个数，即该节点在对下一个行进节点进行选择时，周围存在最多 8 个（有可能存在障碍点）待选行进点，因此运动的方向的角度也被限定为 $\pi/4$ 的整数倍。由于受到行进方向的限制，使用传统 A^* 算法在栅格地图形式上进行移动机器人路径规划时规划出的路径可能不是最优。

　　在原 A^* 算法每个节点的扩展个数只有相邻的 8 个邻域的基础上增至相邻的 24 个邻域，从而扩展待选节点的个数，行进方向也不再只有 $\pi/4$ 的整数倍。扩展算法的具体过程如下。

　　① 对于输入点的每一个邻接点，检查它本身是否还在整体的工作空间范围内，确定其没有超出工作环境边界。

　　② 因为 24 个邻域是覆盖以输入点为中心的两层所有邻接点，所以要逐层对邻接点进行判断。

　　③ 首先对第一层（1~8 邻域）的所有点进行判断，如果一个邻接点是第一层的点，首先检查邻接点本身是否是障碍点（是否在 CLOSE 表里面），若邻接点是障碍点，则直接舍弃；若不是障碍点，说明其可以进行扩展，检查此邻接点是否已存在于 OPEN 表。若 OPEN 表中没有此邻接点，将此邻接点纳入 OPEN 表中，若 OPEN 表中已存在此点坐标，则需比较拥有不同前向指针的此点的评价函数值 f，选取拥有较小评价函数 f

值的节点，并依据此 f 值判断是否需要对其前向指针进行更新。

④ 对第二层（9～24 邻域）所有节点进行判断，判断其是否是障碍点，若是障碍点，直接舍弃；若不为障碍点，还需检查从输入点到此邻接点途经的 1～2 个点是否为障碍点，只要途经点有一个是障碍点，就将舍弃对应的邻接点。只有途经点所组成的区域均为自由区域，才能对此邻接点继续进行判断，先判断其是否已存在 OPEN 表中，若 OPEN 表中已存在此点坐标，则需比较拥有不同前向指针的此邻接点的评价函数值 f，选取拥有较小评价函数 f 值的节点，并依据此 f 值判断是否需要对其前向指针进行更新；若 OPEN 表中没有此邻接点，则将此邻接点纳入 OPEN 表中。

⑤ 选取此时 OPEN 表中具有最小评价函数值 f 的节点为最优节点坐标，运用相应子函数将其从 OPEN 表纳入 CLOSE 表。

通过对传统 A^* 算法中扩展邻域的改进，使得移动机器人在运用 A^* 算法进行路径规划时，每次最优节点的选取不再局限于周围仅有的 8 个邻域，而是最多会出现 24 个可选择邻域（若周围 24 邻域中没有障碍点出现），可选择邻域个数的扩增使得移动机器人在对路径进行规划时，其规划的运动的角度不再受限于 $\pi/4$ 的整数倍，而是被增加为连续更多的方向。

（3）时间上的双向搜索

在 A^* 算法应用于移动机器人路径规划研究中时，如果移动机器人所处的环境空间相对简单，那么它可以顺利地完成路径规划工作。如果移动机器人所处的环境空间比较复杂，那么移动机器人结合 A^* 算法进行路径规划时，由于运算量的增加，势必会耗费一部分路径规划时间。因此近年来，鉴于 A^* 算法单向递进的搜索方式，许多学者开展了对双向 A^* 算法的研究。

双向 A^* 路径规划搜索算法，其规划方式就是沿着正方向和反方向两个方向同时进行路径的搜索。正向搜索主要是指从起点到目标点；而反向则是从目标点到起点，其实质就是在具体的规划过程中，正向 A^* 搜索和反向 A^* 搜索同时进行，当各自方向上扩展出相同的最优节点时停止搜索的形式。

如果采取双向搜索，并存在两个方向上扩展出拥有评价函数最小值的一致的节点，同时若节点满足于独自搜索的制约限制，则路径规划搜索过程结束。

正常的理想情况下，在起始节点和目标节点连线的中点附近区域，双向 A^* 搜索会达到相遇，这样搜索时间会大大降低。但当处于复杂多变的环境中时，双向搜索也有可能不会在起始点坐标和目标点坐标连线的中点的附近区域相遇，而在极端环境下，有可能因为数据的繁杂而使双向搜索陷入死循环，而此时传统 A^* 搜索的代价要比双向小得多，所以保证目标节点搜索在中间区域相遇是双向搜索成功的前提。为了尽可能保证正向搜索与反向搜索在路径规划过程中达到相遇，可将正向搜索和反向搜索交替进行，起初进行正向搜索，可以得到一个评价函数最小的节点，那么此时立即切换至反方向。而反向搜索的目标节点就是之前正向扩展出的评价函数最小的节点。

6.3.3 遗传算法的改进

遗传算法作为一种优秀的搜索算法，在机器人的路径规划方面受到了广泛的重视和研究。其采用了生物进化论当中适者生存的思想，在搜索过程中不借助于外部条件，具备较强的全局搜索能力和较高的搜索效率。但是，基本的遗传算法在应用过程中会出现"收敛速度慢"和"早熟收敛"等问题，下面对基本的遗传算法提出改进方案。

（1）采用简单图搜索法的改进遗传算法

在介绍基本的遗传算法时，环境建模的方法采用的是栅格建模法。栅格建模法虽简单易行，但是当环境范围较大时，会加大计算量，从而出现收敛速度慢的问题，降低规划的实时性。此处采用链接图法对机器人的工作环境进行建模，当环境中的障碍物不太复杂时，采用链接图法可以大大降低环境建模的复杂性。

采用链接图法建立环境模型需要使用以下假设。

① 规划环境的边界及障碍物用凸多边形描述。

② 将规划环境投影成为二维环境，即先不考虑高度信息。

③ 机器人在运动过程中可以被视为一点。

利用链接图法对环境建模的过程如下。

① 利用直线将环境自由空间划分为凸多边形。

② 设置各链接线中点为可能的路径点。

③ 相互连接各突变型区域所有可能的路径点。

图 6-14 所示为规划空间以及规划空间的链接图，其中 P_1 为机器人的起点，P_T 为机器人应该抵达的目标点。所有路径点之间的连线所构成的网络图为机器人可以行走的路线，可以使用图论中的最短路径算法求出上述网络图的最短路径作为初始路径。

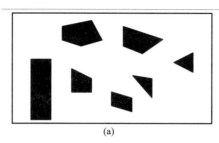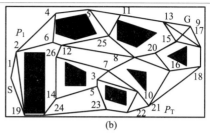

(a) (b)

图 6-14　障碍物环境空间及其链接图

在采用简单图搜索法进行改进的遗传算法中，选择、交叉、变异等遗传操作均可以采用通用化的参数优化遗传操作算子。

（2）精英保留遗传算法

由于在基本的遗传算法中选择算子存在选择误差，交叉、变异算子对高阶长距模式具有破坏作用，会造成当前群体的最佳个体在下一代种群中发生丢失，当进化世代趋于无穷时，这种最优个体丢失的现象就会周而复始地出现在进化过程当中，因此基本的遗传算法并不是全局收敛的。

为了避免上述现象的发生，使遗传算法能够收敛到全局的最优解，可在基本的遗传算法中添加精英保留策略。所谓精英保留策略，就是将当前种群中的最优个体以概率 1 复制到下一代的种群当中去。这种将精英保留策略与基本的遗传算法结合形成的遗传算法被称为精英保留遗传算法[15]。精英保留遗传算法流程见图 6-15。

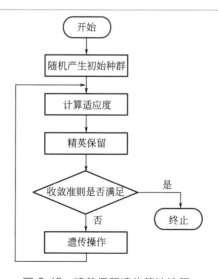

图 6-15　精英保留遗传算法流程

6.3.4   服务机器人路径规划技术发展

一个好的路径规划需要满足以下指标。

① 实时性。规划算法的复杂度（时间需求、存储需求等）能满足机器人运动的需要。

② 安全性。返回的任何路径都是合理的，或者说任何路径对控制机器人运动都是可执行的。

③ 可达性。如果客观上存在一条从起点到达目标点的无碰路径，该算法一定能找到；如果环境中没有路径可通行，会报告规划失败。

④ 环境变化适应性。算法具有适应环境动态改变的能力，随着环境改变，不必全部重新计算。

在周围环境已知的全局路径规划中，由于其理论研究已比较完善，需要对算法进行研究和改进的方法基本定型。目前比较活跃的领域是研究在环境未知情况下的局部规划，许多路径规划方法在完全已知环境中能得到令人满意的结果，但在未知环境特别是存在各种不规则障碍的复杂环境中，却很可能失去效用，所以如何快速有效地完成移动机器人在复杂环境中的导航任务仍将是今后研究的主要方向之一。如何使性能指标更好，从研究方向看有以下趋势[16]。

（1）智能化的算法将会不断涌现

新的路径规划方法研究，永远是移动机器人路径规划的重要内容，主要是其结合了现代科技的发展（如新的人工智能方法、新的数理方法等），寻找易于实现，同时能避开现有方法缺点的新技术。另外，现代集成路径规划算法研究也是一个重要内容，即利用已有的各种规划方法的优点，克服它们的不足，如神经网络与地图构建技术相结合、进化计算与人工势场法相结合等。智能化方法能模拟人的经验，逼近非线性、具有自组织、自学习功能并且具有一定的容错能力，这些方法应用于路径规划会使移动机器人在动态环境中更灵活、更具智能化。

（2）多移动机器人系统的路径规划

协调路径规划已成为新的研究热点。随着应用不断扩大，移动机器人工作环境复杂度和任务的加重，对其要求不再局限于单个移动机器人。在动态环境中，多移动机器人的合作与单个机器人路径规划要很好地统一。从规划者考虑，可分为集中式规划和分布式规划；从规划时间考虑，可分为离线规划和在线规划。二者各有所长，许多研究工作结合二者。随着科学技术的发展，工农业、医疗等行业对多机器人系统的要求会越来越高，这种研究还会不断发展。

(3) 多传感器信息融合用于路径规划

移动机器人在动态环境中进行路径规划所需信息都是从传感器得来，单传感器难以保证输入信息的准确与可靠，多传感器所获得信息具有冗余性、互补性、实时性和低代价性，且可以快速并行分析现场环境。移动机器人的多传感器信息融合也是当今一个比较活跃的研究领域，具体方法有采用概率方法表示信息的加权平均法、贝叶斯估计法、多贝叶斯法、卡尔曼滤波法和统计决策理论法；有采用命题方法表示信息的 D-S 证据推理、模糊逻辑、产生式规则；还有仿效生物神经网络的信息处理方法和人工神经网络法。

(4) 机器人底层控制与路径规划算法的结合研究

以上是从路径规划策略上看移动机器人路径规划的发展，从应用角度看，路径规划的研究绝大多数集中在规划算法的设计与仿真研究上，而将路径规划算法应用于实际的报道还很少，即使是一些实物仿真实验，研究也较少，但理论研究最终要应用于实际，因此有关机器人底层控制与路径规划算法的结合研究将是它的发展方向之一，不仅要研究路径规划算法，而且要研究机器人的动力学控制与轨迹跟踪，使机器人路径规划研究实用化、系统化。

综上所述，移动机器人的路径规划技术已经取得了丰硕成果，但各种方法各有优缺点，没有一种方法能适用于任何场合。随着科技的不断发展，机器人应用领域还将不断扩大，机器人工作环境会更复杂，移动机器人路径规划这一课题领域还将不断深入。在这一领域进行研究时，要结合以前的研究成果，把握发展趋势，以实用性作为最终目的，这样就能不断推动其向前发展。

参考文献

[1] 蔡佐军. 移动机器人路径规划研究及仿真实现[D]. 武汉: 华中科技大学, 2006.

[2] 梁文君. 机器人动态规划与协作路径规划研究[D]. 杭州: 浙江大学, 2010.

[3] 贾菁辉. 移动机器人的路径规划与安全导航[D]. 大连: 大连理工大学, 2009.

[4] 陈少斌. 自主移动机器人路径规划及轨迹跟踪的研究[D]. 杭州: 浙江大学, 2008.

[5] 蔡晓慧.基于智能算法的移动机器人路径规划研究[D].杭州:浙江大学.2007.

[6] 鲍庆勇,李舜酩,沈峘,门秀花.自土移动机器人局部路径规划综述[J].传感器与微系统,2009,28(9):1-4.

[7] 赵维,谢晓方,孙艳丽.自主角色导航综述[J].计算机应用与软件,2011,28(7):159-163.

[8] 张晓文,侯媛彬,王维.移动机器人路径规划的人工免疫势场算法研究[J].自动化仪表,2013,34(12):5-8.

[9] 王淼池.基于 A* 算法的移动机器人路径规划[D].沈阳:沈阳工业大学,2017.

[10] 曲道奎,杜振军,徐殿国,徐方.移动机器人路径规划方法研究[J].机器人,2008,30(2):97-101.

[11] 戴青.基于遗传和蚁群算法的机器人路径规划研究[D].武汉:武汉理工大学,2009.

[12] 王殿君.基于改进 A* 算法的室内移动机器人路径规划[J].清华大学学报,2015,8:1085-1089.

[13] 罗乾又,张华,王姮,解兴哲.改进人工势场法在机器人路径规划中的应用[J].计算机工程与设计,2011,32(4),1411-1413,1418.

[14] 唐晓东.基于 A* 算法的无人机航迹规划技术的研究与应用[D].绵阳:西南科技大学,2015.

[15] 陈曦.基于免疫遗传算法的移动机器人路径规划研究[D].长沙:中南大学,2008.

[16] 张泽东,等.移动机器人路径规划技术的现状与展望[J].系统仿真学报,2005,17(2):439-443.

第7章

服务机器人的
感知

　　通常来讲，机器人的感知就是借助于各种传感器来识别周边环境，相当于人的眼、耳、鼻、皮肤等。

　　① 视觉感知：即计算机视觉，类似于人类的视觉系统。用摄影头代替人眼对目标进行识别、跟踪和测量等。当前，服务机器人的计算机视觉已经相当完善了，像人脸识别、图像识别、定位测距等。可以说，在为人类提供服务时，"看得见东西"的机器人比"盲人"机器人有用得多。

　　② 声音感知：即语音识别，语音是人机交互最常用、最便捷的方式，由此，对于服务机器人而言，语音识别是必须具备的重要功能之一。

　　③ 其他感知：在服务机器人身上，以上两种最重要的感知已经得到了完美的体现，而在其他的方面，人们仍处在不断的探索之中。以"皮肤感知"为例，为了让机器人在外表更接近人类，以及更多的感知，不少团队一直在努力研究一种"敏感皮肤"，力图实现柔软、敏感性强等特性。在此基础上，已经有不少成果展现在了公众的面前，微风、蚊虫降落等感知已是小菜一碟。此外，还有嗅觉感知等，这些都是一个服务机器人所应具备的功能。

　　随着科技的不断发展，机器人技术的应用领域越来越广泛，从传统的机器制造业中机器人主要用作上、下料的万能传送装置，扩展到能进行各种作业，如弧焊、点焊、喷漆、刷胶、清理铸件以及各种各样的简单装配工作，再到非制造领域的应用，如采掘、水下、空间、核工业、土木施工、救灾、作战、战地后勤以及各种服务等，机器人的应用不仅改善了劳动者的工作环境，而且渐渐地向完全取代人类劳动以及服务于人类的研究方向进行，这一切能得以实现，与传感器技术、微电子技术、通信技术有着密切的联系。传感器技术在机器人控制技术中是核心技术之一，是机器人获取信息的主要部分，本章依据国内外机器人的研究现状，从"五官"的角度来阐述传感器技术在机器人上的应用。

　　图 7-1 所示为奇虎 360 公司正式发布的旗下智能业务线最新产品——360 扫地机器人。该机器人可智能构建房屋地图，规划清扫路线，确保全面清扫覆盖不漏扫，电量低自动回充。

图 7-1　360 扫地机器人

7.1 服务机器人的感知

机器人传感器是 20 世纪 70 年代发展起来的一类专门用于机器人技术方面的新型传感器。机器人传感器和普通传感器工作原理基本相同，但又有其特殊性。机器人传感器的选择取决于机器人工作需要和应用特点，对机器人感觉系统的要求是选择传感器的基本依据。机器人传感器选择的一般要求如下。

① 精度高、重复性好。

② 稳定性和可靠性好。

③ 抗干扰能力强。

④ 重量轻、体积小、安装方便。

机器人是通过传感器得到感知信息的，其中机器人传感器处于连接外部环境和机器人的接口位置。要使机器人拥有智能，首先必须使机器人具有感知环境的能力，用传感器采集信息是智能化的第一步；其次，如何采取适当的办法，将多个传感器获取的信息加以综合处理，控制机器人进行智能作业，则是提高机器人智能化的重要体现。因此传感器及其信息处理系统是机器人智能化的重要组成部分，它为机器人智能化提供决策依据。

机器人感知系统的构成如图 7-2 所示。

图 7-2　机器人感知系统的构成

首先，传感器将被测量转化为电信号。然后，对电信号进行预处理，如放大、滤波、补偿、去耦等。接着，将采样调理后的信号送至处理器。最后，处理器经过软件分析后提取特征信息为机器人提供决策依据，指导机器人作业。

机器人传感器是一种能将机器人目标物特性（或参量）变换为电量输出的装置，机器人通过传感器实现类似于人类的知觉作用。

机器人传感器分为常用传感器和特殊传感器。其中常用传感器分为内部检测传感器和外界检测传感器两大类。内部检测传感器是在机器人中用来感知它自己的状态，以调整和控制机器人自身行动的传感器。它通常由位置、加速度、速度及 JR 力传感器组成。外界检测传感器是机器人用以感受周围环境、目标物的状态特征信息的传感器，从而使机器人对环境有自校正和自适应能力。外界检测传感器通常包括触觉、接近觉、视觉、听觉、嗅觉、味觉等传感器。机器人传感器是机器人研究中必不可缺的重要课题，需要有更多的、性能更好的、功能更强的、集成度更高的传感器来推动机器人的发展。

7.1.1 内部感知单元

内部传感器主要用于测量机器人自身的功能元件。具体的检测对象有：关节的线位移、角位移等几何量；速度、加速度等运动量；倾斜角和振动等物理量。内部传感器常用于控制系统中作为反馈元件，检测机器人自身的各种状态参数，如关节的运动位置、速度、加速度、力和力矩等。常用传感器种类见表 7-1。

表 7-1　常用传感器种类

传感器	种类
特定位置、角度传感器	微型开关、光电开关
任意位置、角度传感器	电位器、旋转变压器、码盘、关节角传感器
速度、角速度传感器	测速发电机、码盘
加速度传感器	应变片式、伺服式、压电式、电动式
倾斜角传感器	液体式、垂直振子式
方位角传感器	陀螺仪、地磁传感器

（1）位移传感器

机器人按照位移的特征，可以分为线位移和角位移。线位移是指机器人沿着某一条直线运动的距离，角位移是指机器人绕某一点转动的角度。

① 电位器式位移传感器。电位器式位移传感器由一个线绕电阻（或薄膜电阻）和一个滑动触点组成，其中滑动触点通过机械装置受被检测量的控制。当被检测的位置量发生变化时，滑动触点也发生位移，从而改变了滑动触点与电位器各端之间的电阻值和输出电压值，根据这种输出电压值的变化，可以检测出机器人各关节的位置和位移量。

② 直线型感应同步器。直线型感应同步器由定尺和滑尺组成。定尺和滑尺间保证一定的间隙，一般为 0.25mm 左右。在定尺上用铝箔制成单相均匀分布的平面连续绕组，滑尺上用铝箔制成平面分段绕组。绕组

和基板之间有一厚度为 0.1mm 的绝缘层，在绕组的外面也有一层绝缘层，为了防止静电感应，在滑尺的外边还粘贴一层铝箔。定尺固定在设备上不动，而滑尺可以在定尺表面上来回移动。

③ 圆形感应同步器。圆形感应同步器主要用于测量角位移，它由定子和转子两部分组成。在转子上分布着连续绕组，绕组的导片沿圆周的径向均匀分布。在定子上分布着两相扇形分段绕组。定子与转子的截面构造与直线型同步器是一样的，为了防止静电感应，在转子绕组的表面粘贴一层铝箔。

里程计可以用来反馈电机测量轮子走了多远，即机器人行走的距离。它可以用来配合摄像头进行自定位与导航。

里程计是一种利用从移动传感器获得的数据来估计物体位置随时间的变化而改变的方法。该方法被用在许多机器人系统（轮式或者腿式）中，用来估计而不是确定这些机器人相对于初始位置移动的距离。这种方法对由速度对时间积分来求得位置的估计时所产生的误差十分敏感。快速、精确的数据采集，设备标定以及处理过程对于高效地使用该方法是十分必要的。

假设一个机器人在其轮子或腿关节处配备有旋转编码器等设备，当它向前移动一段时间后，想要知道大致的移动距离，借助旋转编码器，可以测量出轮子旋转的圈数，如果知道轮子的周长，便可以计算出机器人移动的距离。

假设有一个简单的机器人，配备两个能够前后移动的轮子，这两个轮子是平行安装的，并且相距机器人中心的距离是相等的，每个电机都配备一个旋转编码器，我们便可以计算出任意一个轮子向前或向后移动一个单位时，机器人中心实际移动的距离。该单位长度为轮子周长的某一比例值，该比例依赖于编码器的精度。

假设左边的轮子向前移动了一个单位，而右边的轮子保持静止，则右边的轮子可以被看作是旋转轴，而左边的轮子沿顺时针方向移动了一小段圆弧。因为我们定义的单位移动距离的值通常都很小，可以粗略地将该段圆弧看作是一条线段。因此，左轮的初始与最终位置点、右轮的位置点就构成一个三角形 A。

同时，机器人中心的初始与最终位置点，以及右轮的位置点，也构成了一个三角形 B。由于机器人中心到两轮子的距离相等，两三角形共用以右轮位置为顶点的角，故三角形 A 与 B 相似。在这种情况下，机器人中心位置的改变量为半个单位长度。机器人转过的角度可以用正弦定理求出。

（2）速度和加速度传感器

速度传感器有测量平移和旋转运动速度两种，但大多数情况下，只限于测量旋转速度。利用位移的导数，特别是光电方法让光照射旋转圆盘，检测出旋转频率和脉冲数目，以求出旋转角度，以及利用圆盘制成有缝隙，通过两个光电二极管辨别出角速度（即转速），这就是光电脉冲式转速传感器。此外还有测速发电机用于测速等。

应变仪即伸缩测量仪，也是一种应力传感器，用于加速度测量。加速度传感器用于测量工业机器人的动态控制信号。一般由速度测量进行推演，即已知质量求物体加速度所产生动力，可应用应变仪测量此力进行推演，还有就是下面所说的方法：与被测加速度有关的力可由一个已知质量产生，这种力可以为电磁力或电动力，最终简化为电流的测量，这就是伺服返回传感器。

图 7-3 所示为陀螺仪，它可以用来测角速度，以便知道机器人的方向。陀螺仪的原理是：一个旋转物体的旋转轴所指的方向在不受外力影响时，是不会改变的。人们根据这个道理，用它来保持方向，制造出来的东西就叫作陀螺仪。在陀螺仪工作时，要给它一个力，使它快速旋转起来，一般能达到每分钟几十万转，可以工作很长时间。然后用多种方法读取轴所指示的方向，并自动将数据信号传给机器人控制系统。陀螺仪被广泛用于航空、航天和航海领域。它有两个基本特性：一是定轴性（inertia or rigidity）；二是进动性（precession）。这两个特性都是建立在角动量守恒的原则下。

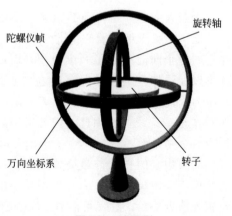

陀螺仪帧　旋转轴

万向坐标系　转子

图 7-3　陀螺仪

7.1.2 外部感知单元

外部传感器主要用来检测机器人所处环境（如是什么物体，离物体的距离有多远等）及状况（如抓取的物体是否滑落）的传感器。具体有物体识别传感器、物体探伤传感器、接近觉传感器、距离传感器、力觉传感器、听觉传感器等，其具体种类见表7-2。

表7-2　外部传感器种类

传感器		种类
视觉传感器	测量传感器	光学式（点状、线状、圆形、螺旋形、光束）
	识别传感器	光学式、声波式
触觉传感器	接触觉传感器	单点式、分布式
	压觉传感器	单点式、高密度集成、分布式
	滑觉传感器	点接触式、线接触式、面接触式
力觉传感器	力传感器	应变式、压电式
	力矩传感器	组合型、单元型
接近觉传感器	接近觉传感器	空气式、磁场式、电场式、光学式、声波式
	距离传感器	光学式、声波式
角度觉（平衡）传感器	倾斜角传感器	旋转式、振子式、摆动式
	方向传感器	万向节式、内球面转动式
	姿态传感器	机械陀螺仪、光学陀螺仪

（1）力觉传感器

机器人在工作时，需要有合适的握力，握力太小或太大都不合适。力或力矩传感器的种类很多，有电阻应变片式、压电式、电容式、电感式以及各种外力传感器。力或力矩传感器通过弹性敏感元件将被测力或力矩转换成某种位移量或形变量，然后通过各自的敏感介质把位移量或形变量转换成能够输出的电量。机器人常用的力传感器可以分为以下三类。

① 装在关节驱动器上的力传感器，称为关节传感器。它测量驱动器本身的输出力和力矩，用于控制中力的反馈。

② 装在末端执行器和机器人最后一个关节之间的力传感器，称为腕力传感器。它直接测出作用在末端执行器上的力和力矩。

③ 装在机器人手爪指（关节）上的传感器，称为指力传感器，它用来测量夹持物体的受力情况。

（2）听觉传感器

在某些环境中，要求机器人能够测知声音的音调、响度，区分左右声源，有的甚至可以判断声源的大致方位，有时我们甚至要求与机器人进行语音交流，使其具备"人-机"对话功能。有了听觉传感器，机器人能更好地完成这些任务。

机器人的听觉功能通过听觉传感器采集声音信号，经声卡输入到机器人大脑。机器人拥有了听觉，就能够听懂人类语言，实现语音的人工识别和理解，因此机器人听觉传感器可分为两类。

① 声检测型。主要用于测量距离等。由于超声波传感器处理信息简单、成本低、速度快，广泛地应用于机器人听觉传感器上。例如，南京信息工程大学利用超声波传感器信息进行栅格地图的创建，基于 Bayes 法则对多个超声波传感器信息进行融合，有效地解决了信息间的冲突问题，提高了地图创建的准确性。福州大学采用扩展卡尔曼滤波器对多个超声波传感器和光电编码器测量值进行融合，保证机器人有较高行走速度。北京科技大学将 16 个超声传感器分别安装在机器人本体侧板的 16 个柱面上，等间隔角度 22.5°，当陷入死角时能够凭借机器人本体后方的传感器来检测障碍，以实现继续运行。Huang 等利用 3 个麦克风组成平面三角阵列定位声源的全向轴向。也有人利用搭载在移动机器人平台上的二维平面 4 通道十字型麦克风阵列定位说话人的轴向角和距。Valind 等放置 8 个麦克风阵列搭在 Pioneer2 机器人上，用来进行声源轴向角和仰角定位。Tamai 等利用搭载在 Nomad 机器人上的平面圆形 32 通道麦克风阵列定位 1～4 个声源的水平方向和垂直方向。Rodemann 等利用仿人耳蜗和双麦克风进行声源的 3D 方向确定。

② 语音识别。建立人和机器之间的对话。语音识别实质上是通过模式识别技术识别未知的输入声音，通常分为特定话者和非特定话者两种方式，特定语音识别是预先提取特定说话者发音的单词或音节的各种特征参数并记录在存储器中，后者为自然语音识别，目前处于研究阶段。从 20 世纪 50 年代 AT&TBell 实验室开发出可识别 10 个英文单词的 Audy 系统开始，许多发达国家如美国、日本、韩国以及 IBM、Apple、NTT 等著名公司都为语音识别系统的实用化开发研究投以巨资，我国有关这一领域研究的大学和研究机构相对较少，大部分都是从信号处理的角度对声源定位技术进行研究，而将其应用于机器人上的比较少。近年来，哈尔滨工业大学、河北工业大学和华北电力大学都在开展机器人听觉技术研究工作。北京航空航天大学机器人研究所也设计了一种可以按照声音的方向向左转或向右转的机器人，当声音太刺耳时，机器人会抬

起脑袋，设法躲避它。由于听觉传感器可弥补其他传感器视场有限且不能穿过非透光障碍物的局限，将语音识别技术融合在移动机器人听觉系统中有很好的实用性，河北工业大学在开发救援机器人导航系统中就涉及了语音识别技术的应用。

（3）触觉传感器

机器人中的触觉传感器主要包括：接触觉、压力觉、滑觉和接近觉。初期的 Spraw Lettes 机器人和后期的六足机器人可以依靠一只长而粗的触角进行墙的探测，以及近墙疾走；基于位置敏感探测器（PSD）的触须传感系统可进行测量物体外形、物体表面纹理信息以及利用触须沿墙行走；类似的研究是北京航空航天大学利用二维 PSD 设计了一种新型的触须结构，可测量机器人本体与墙之间的夹角。

针对机器人角膜移植显微手术，北京航空航天大学选择微力传感器和微型电感式位移传感器集成在机器人末端环钻上，采用适合于 PC 机和传感器数据采集卡的数字滤波算法排除干扰，从而使计算机获取实时采集钻切深度和力信息。刘伊威等人在《设计机器人灵巧手》一文中，使用了霍尔传感器（位置感觉）、力/力矩感觉以及集成的温度传感器芯片（温度感觉）等，该手指集传感器、机械本体、驱动及电路为一体，最大限度地实现了灵巧手手指的集成化、模块化。类似的采用刚柔结合式结构的应用有 HIT/DLR Ⅱ 五指仿人型机器人灵巧手的新式微型触觉传感器。而东南大学在《灵巧手设计》一文中，采用模糊控制的带有阵列式电触觉传感器和力传感器。

基于电容、PVDF（聚偏氟乙烯）、光波导等技术的三维力触觉传感器的研究也得到了广泛的应用，例如南安普敦大学研发出的基于厚膜压电式传感器的仿真手是滑觉传感器较成功的体现，用 PVDF 薄膜制作的像皮肤一样粘贴在假手的手指表面触滑觉传感器，可以安全地握取易碎或者比较柔软的物体。一种基于 PVDF 膜的三向力传感技术的触觉和基于光电原理的滑觉结合的新型触滑觉传感器，可实现机器人的物体抓。而哈尔滨工程大学基于光纤的光强内调制原理设计了一种用于水下机器人的滑觉传感器，采用特殊的调理电路和智能化的信息处理方法，适用于水下机器人进行作业。西安交通大学设计了基于单片机控制的光电反射式接近觉传感器和光纤微弯力觉传感器机器人。

（4）视觉传感器

现代的"五官"传感器技术中，视觉传感器技术的发展以及研究相比之下较成熟，特别是在机器人的应用上较为广泛，并且不断地推进着机器人的发展研究。在工业、农业、服务业等行业，视觉传感器技术是机器人不可或缺的重要组成部分，视觉传感器的性能在不同的应用中有不同的要求，其性能的好坏还会影响机器人的操作任务，为此，科研工作者们进行了一系列的研究。如一种由激光器、CCD 和滤光片组成的视觉传感器系统，体积小巧、结构紧凑、性价比高、质量轻，由于机器视觉系统采集到的数据量庞大以及实时性的要求，可用多核 DSP 并行处理的架构方式解决大量图像数据。为了提高机器人视觉系统的图像处理速度，可以将光学小波变换应用于视觉系统，实现图像和信息的快速处理，针对高温、辐射及飞溅等恶劣环境对传感器的影响，可以采用带冷却系统的结构光视觉传感器。

视觉传感器在机器人上主要应用于方向定位、避障、目标跟踪等。中科院采用视觉系统（单目摄像机）测量得到水下机器人与被观察目标之间的三维位姿关系，通过路径规划、位置控制和姿态控制分解的动力定位方法实现机器人对被观察目标的自动跟踪。浙江工业大学采用一种单目视觉结合红外线测距传感器共同避障的策略，对采集的图像序列信息使用光流法处理，获得移动机器人前方障碍物的信息。为了增强传感器的光自适应能力，四川大学以主从双视觉传感器实现目标识别和定位任务，采用嵌入式结构技术集成相机和处理机的采摘视觉传感器实现了多传感器、多视角的协调采集和数据处理。与双目视觉传感器相比，三维视觉传感器在计算目标物的三维坐标时不需要复杂的立体匹配过程，其核心就是三角测量技术，定位算法简单。中国农业大学根据作物的反射光谱特性，选择敏感波长的激光源，构建三维视觉传感器。南京农业大学基于立体视觉系统，在图像空间利用 Hough 变换检测出果实目标，进而获得目标质心的空间位置坐标。中国科学院沈阳自动化研究所采用光学原理的全方位位置传感器系统，通过观测路标和视角定位的方法，确定出机器人在世界坐标系中的位置和方向。哈尔滨工程大学采用一个全景镜头和一个全景摄像机的全境图像全景视觉系统，利用 Step-Forward 策略的模糊推理机制的运动决策，实现机器人在动态环境中快速、准确地找到一条无碰撞的路径，最终到达目标点[1]。

科学研究的最终目的是要应用到实际生活中，视觉传感器的研究成果在现代工业、农业以及服务业等方面都得到了体现。中科院采用叠加式构架的视觉传感器在焊接机器人上的应用，实现了焊接机器人的自动焊接任务。天津师范工程学院采用全局视觉系统应用在全自主服务机器人上，能够准确地为服务机器人的专家决策系统实时提供位置信息，实现了在光照连续变化的部分结构化环境中进行颜色识别。为了给老年人/

残疾人提供各种复杂的辅助操作，研制智能陪护机器人，哈尔滨工业大学研制了一个基于两个 CCD 摄像头组成双目系统的服务机器人。上海交通大学研制了采用视觉传感器获得目标的图像并进行文字识别的读书机器人，以及一种医用机器人，通过人体肛门进入肠道进行检查，携带微型摄像头、压力传感器、温度传感器、pH 值传感器等，从而实现肠道生理参数的检测和治疗，携带微型操作手进行微型手术，携带药物喷洒装置进行疾病无创诊疗等。湖南大学采用多传感器结合微处理器技术与智能控制的整个系统设计，研制了将智能安全报警及消防灭火、嵌入式语音识别、自主回归充电、家庭娱乐及家务工作等多项功能集于一身的现代智能家居机器人。北京理工大学利用安装在车体前方的摄像头，研制了通过无线传输方式反馈视频和音频信号，根据反馈信息，利用航模遥控器控制机器人前进、后退、变速及转弯等的侦查机器人[2]。

　　Kinect 骨架追踪处理流程的核心是一个无论周围环境的光照条件如何，都可以让 Kinect 感知世界的 CMOS 红外传感器。该传感器通过黑白光谱的方式来感知环境：纯黑代表无穷远，纯白代表无穷近。黑白间的黑色地带对应物体到传感器的物理距离。它收集视野范围内的每一点，并形成一幅代表周围环境的景深图像。传感器以每秒 30 帧的速度生成景深图像流，实时 3D 再现周围环境。

　　Kinect 需要做的下一个工作就是寻找图像中可能是人体的移动物体，就像人眼下意识地聚焦在移动物体上那样。接下来，Kinect 会对景深图像进行像素级评估，来辨别人体的不同部位。同时，这一过程必须以优化的预处理来缩短响应时间。Kinect 采用分割策略将人体从背景环境中区分出来，即从噪声中提取有用信号。

　　图 7-4 所示为上海大学自强队家庭服务机器人现阶段所使用的视觉传感器 Kinect。它是目前双目视觉系统中应用最多的传感器。Kinect 传感器主要由红外摄像机、红外深度摄像头、彩色摄像头、麦克风阵列和仰角控制马达组成。红外摄像机、红外深度摄像头、彩色摄像头为 Kinect 的 3 只"眼睛"，L 型布局的麦克风系列是 Kinect 的 4 只"耳朵"。红外摄像机能主动投射近红外光谱，照射到粗糙物体时光谱便会扭曲，形成随机的反射斑点，叫作散斑，进而能被红外摄像头获取。红外摄像头获取散斑后，分析红外光谱，创建可视范围内的物体深度图像，同时彩色摄像头用于拍摄视角范围内的彩色视频图像。L 型布局的麦克风阵列，4 个麦克风同时采集声音、过滤背景噪声，从而能更精确地定位声源。可编程控制仰角的马达，用来获取最佳视角。

图 7-4　Kinect 传感器

2010 年 6 月 14 日，微软发布 XBOX360 体感周边外设，Kinect 即为该周边外设的名字。值得注意的是，PrimeSence 技术是 Kinect 传感器的基础，工作原理非常简单。Soc 是一款完美支持 PrimeSence 技术的产品，独立地管理音频和视频信息，这些信息都可以通过 USB 连接进行访问，Kinect 传感器的控制结构如图 7-5 所示。

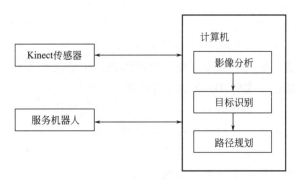

图 7-5　Kinect 传感器控制结构

RoboCup 家庭组家庭服务机器人中的 Kinect 传感器通过抓取物体的深度信息来确定物体的位置，其中微软推出的 XBOX360 体感传感器将服务机器人采集到的视频流输入上位机（上位机即计算机）。根据一些算法，上位机针对这些大量的数据进行处理，再将处理得到的数据发送给运动模块或者语音模块。

7.1.3　特殊感知单元

随着机器人产业的蓬勃发展，具有某些特殊功能的机器人也相继出现，其中包含一些特殊的传感器，如嗅觉传感器、味觉传感器等。它们的出现为机器人全面智能化提供了更加有力的基础保障。

（1）嗅觉传感器

目前具有嗅觉功能的拟人机器人尚不多见，主要原因是人们对于机器人嗅觉的研究仍处于初级阶段，技术尚未成熟，关于机器人嗅觉的研究更多的是集中在移动机器人的嗅觉定位领域。

机器人嗅觉问题的研究中，主要采用了以下三种方法来实现机器人嗅觉功能。

① 在机器人上安装单个或多个气体传感器，再配置相应的处理电路来实现嗅觉功能。Ishidal 等人采用 4 个气体传感器和 4 个风速传感器制成了气味方向探测装置，充分利用气味信息和风向信息完成味源搜索。Pyk 研制了一个装有六阵列金属氧化物气体传感器和风向标式风向传感器的移动人工蛾，并利用它在风洞中模拟了飞蛾横越风向和逆风而上的跟踪信息素的运动方式。类似的研究是在移动机器人上安装一对气体传感器，比较两个传感器的输出，令机器人向着浓度高的方向移动。曹为等人在煤矿救灾机器人上安装了瓦斯传感器和 O_2、CO 传感器。庄哲民等人将半导体气体传感器阵列与神经网络相结合，构建了一个用于临场感机器人的人工嗅觉系统，用于气体的定性识别。

② 自行研制的嗅觉装置，Kuwana 使用活的蚕蛾触角配上电极构造了两种能感知信息素的机器人嗅觉传感器，并在信息素导航移动机器人上进行了信息素烟羽的跟踪试验，德国蒂宾根大学的 Achim Lilientha 和瑞典厄勒布鲁大学的 Tom Duckett 合作研制了 Mark Ⅲ 型立体式电子鼻，它和一台 Koala 移动机器人构成了移动电子鼻。

③ 采用电子鼻（亦称人工鼻）产品，Rozas 等将人工鼻装在一个移动机器人上，通过追踪测试环境中的气体浓度而找到气味源[3]。

（2）味觉传感器

整体味觉传感器在机器人上的应用相对于其他传感器来说较少。当口腔含有食物时，舌头表面的活性酶有选择地跟某些物质起反应，引起电位差改变，刺激神经组织而产生味觉。基于上述机理，人们研制了味觉传感器。人工味觉传感器主要由传感器阵列和模式识别系统组成，传感器阵列对液体试样作出响应并输出信号，信号经计算机系统进行数据处理和模式识别后，得到反映样品味觉特征的结果。目前运用广泛的生物模拟味觉和味觉传感系统根据对接触味觉物质溶液的类脂/高聚物膜产生的电势差的原理制成一多通道味觉传感器。日本九州大学 Toko K 等设计了能鉴别 12 种啤酒的多通道类脂膜味觉传感器。瑞典 Linkpoing 大学 Fredrik Winquist 课题小组采用的则是伏安型的三电极结构惰性贵金属传感器阵列。

生物的嗅觉是用来检测具有挥发性的气体分子的，而味觉传感器是用来检测液态中的非挥发性的离子和分子的感受器官。味觉传感器的研究取得了一些进展，已经成功提取并量化了米饭、酱油、饮料和酒的味觉信号。南昌大学采用铂工作电极（PtE）为基底，传感器阵列由8个固态PPP味觉传感器与217型饱和双盐桥甘汞电极组成，采用主成分分析和聚类分析等模式识别工具识别与分析不同样品的味觉特征。尽管目前机器人的味觉功能的研究还不成熟，但是国内外的研究机构都在努力地进行这项试验研究。在未来家居机器人的构想下，已有相应的机构开发出了烹饪机器人等家居机器人，味觉传感器技术在家居机器人中的发展空间很大。

加载有不同传感器的服务机器人将变得更加智能，就人类来说，70%以上的信息是通过眼睛获得的，同样，机器人也是，机器人通过视觉获取信息并进行处理，被称为机器视觉。下节介绍机器视觉的原理及应用。

7.2　机器视觉

机器视觉从20世纪60年代开始首先处理积木世界，后来发展到处理室外的现实世界。20世纪70年代以后，体现实用性的视觉系统出现了，而视觉传感系统的设计初衷正是为了实现比人类眼睛更优秀的功能。

机器视觉是一门涉及人工智能、神经生物学、心理物理学、计算机科学、图像处理、模式识别等诸多领域的交叉学科。机器视觉主要利用计算机来模拟人类视觉或再现与人类视觉有关的某些智能行为，从客观事物的图像中提取信息进行处理，并加以理解，最终用于实际检测和控制。主要应用于如工业检测、工业探伤、精密测控、自动生产线、邮政自动化、粮食选优、显微医学操作以及各种危险场合工作的机器人中[4]。

机器视觉系统是一种非接触式的光学传感系统，它同时集成软硬件，能够自动地从采集到的图像中获取信息或者产生控制动作。简而言之，机器视觉就是用机器代替人眼来做测量和判断。机器视觉系统可提高生产线的柔性和自动化程度，在一些不适合人工作业的危险工作环境或人工视觉难以满足要求的场合，常用机器视觉来替代人工视觉。在大批量工业生产过程中，由于人的主观作用，造成人工视觉检查产品质量效率低且精度不高，用机器视觉方法检测可以大大提高生产效率和生产的自动化程度。而且机器视觉易于实现信息集成，是实现计算机集成制造的基础技术。

7.2.1　机器视觉的组成

从原理上，机器视觉系统主要由三部分组成：图像的采集、图像的处理和分析、输出或显示。一个典型的机器视觉系统应该包括光源、光学成像系统、图像捕捉系统、图像采集与数字化、智能图像处理与决策模块和控制执行模块，如图 7-6 所示。从中我们可以看出，机器视觉是一项综合技术，其中包括数字图像处理技术、机械工程技术、控制技术、光源照明技术、光学成像技术、传感器技术、模拟与数字视频技术、计算机软硬件技术、人机接口技术等[5]。只有这些技术相互协调应用才能构成一个完整的机器视觉应用系统。机器视觉应用系统的关键技术主要体现在光源照明技术、光学镜头、摄像机（CCD）、图像采集卡、图像信号处理以及执行机构等。以下分别就各方面展开论述。

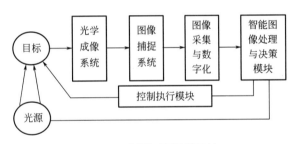

图 7-6　典型机器视觉系统

（1）光源照明技术

光源照明技术对机器视觉系统性能的好坏起着至关重要的作用。光源应该具有以下几点特征：尽可能突出目标的特征，在物体需要检测的部分与非检测部分之间尽可能产生明显的区别，增加对比度；保证足够的亮度和稳定性；物体位置的变化不应影响成像的质量[6]。机器视觉应用系统中一般使用透射光和反射光。对于反射光情况，应充分考虑光源和光学镜头的相对位置、物体表面的纹理、物体的几何形状等要素。光源设备的选择必须符合所需的几何形状，同时，照明亮度、均匀度、发光的光谱特性也必须符合实际的要求，此外还要考虑光源的发光效率和使用寿命。

（2）光学镜头

光学镜头成像质量优劣程度可以用像差的大小来衡量，常见的像差有球差、彗差、像散、场曲、畸变、色差六种。在选用镜头时需要考虑以下问题。

① 成像面大小。成像面是入射光通过镜头后所成像的平面，这个面是一个圆形。一般使用 CCD 相机，其芯片大小有 $1/3$in、$1/2$in、$2/3$in 及 1in 4 种，在选用镜头时要考虑该镜头的成像面与所用的 CCD 相机是否匹配。

② 焦距、视角、工作距离、视野。焦距是镜头到成像面的距离；视角是视线的角度，也就是镜头能看多宽；工作距离是镜头的最下端到景物之间的距离；视野是镜头所能够覆盖的有效工作区域。以上四个概念相互之间是有关联的，其关系是：焦距越小，视角越大，最小工作距离越短，视野越大。

（3）摄像机（CCD）

CCD（charge coupled device）是美国人 Boyle 发明的一种半导体光学器件，该器件具有光电转换、信息存储和延时等功能，并且集成度高、能耗小，故一出现就在固体图像传感、信息存储和处理等方面得到广泛应用。CCD 摄像机按照其使用的 CCD 器件分为线阵式和面阵式两大类，其中，线阵 CCD 摄像机一次只能获得图像的一行信息，被拍摄的物体必须以直线形式从摄像机前移过，才能获得完整的图像；而面阵摄像机可以一次获得整幅图像的信息。目前在机器视觉系统中以面阵 CCD 摄像机应用较多。

（4）图像采集卡

图像采集卡是机器视觉系统中的一个重要部件，它是图像采集部分和图像处理部分的接口。一般具有以下功能模块。

① 图像信号的接收与 A/D 转换模块。负责图像信号的放大与数字化，如用于彩色或黑白图像的采集卡，彩色输入信号可分为复合信号或 RGB 分量信号。同时，不同的采集卡有不同的采集精度，一般有 8bit 和 10bit 两种。

② 摄像机控制输入输出接口。主要负责协调摄像机进行同步或实现异步重置拍照、定时拍照等。

③ 总线接口。负责通过 PC 机内部总线高速输出数字数据，一般是 PCI 接口，传输速率可高达 130Mbps，完全能胜任高精度图像的实时传输，且占用较少的 CPU 时间。在选择图像采集卡时，主要应考虑到系统

的功能需求、图像的采集精度和与摄像机输出信号的匹配等因素。

（5）图像信号处理

图像信号处理是机器视觉系统的核心。视觉信息处理技术主要依赖于图像处理方法，它包括图像增强、数据编码和传输、平滑、边缘锐化、分割、特征抽取、图像识别与理解等内容。经过这些处理后，输出图像的质量得到相当程度的改善，既优化了图像的视觉效果，又便于计算机对图像进行分析、处理和识别。随着计算机技术、微电子技术以及大规模集成电路技术的发展，为了提高系统的实时性，图像处理的很多工作都可以借助于硬件完成，如 DSP 芯片、专用图像信号处理卡等，而软件则主要完成算法中非常复杂、不太成熟或尚需不断探索和改进的部分。

（6）执行机构

机器视觉系统最终功能依靠执行机构来实现。根据应用场合不同，执行机构可以是机电系统、液压系统、气动系统中的一种。无论哪一种，除了要严格保证其加工制造和装配的精度外，在设计时还需要对动态特性，尤其是快速性和稳定性给予充分重视。

7.2.2　机器视觉的工作原理

视觉系统的输出并非图像视频信号，而是经过运算处理之后的检测结果，采用 CCD 摄像机将被摄取目标转换成图像信号，传送给专用的图像处理系统，根据像素分布和亮度、颜色等信息，通过 A/D 转变成数字信号；图像系统对这些信号进行各种运算来提取目标的特征（面积、长度、数量及位置等）；根据预设的容许度和其他条件输出结果（尺寸、角度、偏移量、个数、合格/不合格及有/无等）。上位机实时获得检测结果后，指挥运动系统或 I/O 系统执行相应的控制动作。

（1）双目视觉的信息获取

双目视觉是机器视觉的一个重要分支，它是由不同位置的两台摄像机经过移动或旋转拍摄同一幅场景，获得图像信息后，通过计算机计算空间点在两幅图像中的视差，可以得到该物体的深度信息，获得该点的坐标，此即视差原理[7]。下文将以双目视觉为例来重点讲解机器视觉的工作原理。双目视觉系统的传感器代替了人的眼睛，计算机代替了人的大脑，通过匹配算法找到多幅图片中的同名点，从而利用同名点在不同图片中的位置不同产生的相差，采用三角定位的方法还原出深度信息。其原理如图 7-7 所示。

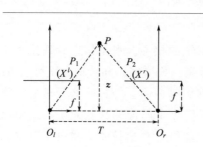

图 7-7 双目视觉系统原理

图中 O_l 和 O_r 是双目视觉系统的两个摄像头，P 是特测目标点，左右两个摄像头的光轴平行，间距是 T，焦距都是 f。对于空间任意一点 P，通过摄像机 O_l 观察，看到它在摄像机 O_l 上的成像点为 P_1，X 轴上的坐标为 X_1，但无法由 P 的位置得到 P_1 的位置。实际上，在 $O_l P$ 连线上任一点都是 P_1。所以如果同时用 O_l 和 O_r 这两个摄像机观察 P 点，由于空间 P 既在直线 $O_l P_1$ 上，又在 $O_r P_2$ 直线上，所以 P 点是两直线 $O_l P_1$ 和 $O_r P_2$ 的交点，换句话说，P 点的三维位置是唯一确定的。

$$d = X^l - X^r \tag{7-1}$$

$$\frac{T-d}{Z-f} = \frac{T}{Z} \tag{7-2}$$

由此得到：

$$Z = \frac{fT}{d} \tag{7-3}$$

由式(7-3) 可知，视差与深度成反比关系。不难得知，通过两个摄像头拍摄同一点，由于成像位置不同而产生的视差计算该点的深度信息是比较容易的，即只要能够在两摄像头拍摄到的图片中确定同一个目标，就能得知该目标的坐标，而难点在于分析视差信息。传统的图像匹配算法需要进行大量的循环运算来完成这个过程，对于实时性要求高的工程应用，必须对图像匹配的过程进行优化，提高算法的实时性。

(2) 双目视觉的信息处理

基于双目视觉系统的障碍物检测是障碍物检测中比较常用的方法，相比于超声波等其他检测方法，视觉系统接收到的信息包含更加广泛的数据，可以检测到更多其他方法检测不到的信息。

基于双目视觉系统的障碍物检测通常按以下的步骤进行。

① 图像采集。双目视觉系统利用两个摄像头从不同的角度同时拍摄照片，获得待处理的图片。

② 图像分割。通过阈值法、边缘法、区域法等图像分割方法将目标从图像背景中分离出来，本书主要讲述阈值法分割。

③ 目标匹配。图像分割后，对多幅图片进行同名点匹配，从匹配结

果中可以获得同一个目标在多幅图片上的视差，最后计算出该目标的实际坐标。

双目视觉系统处理流程如图7-8所示。

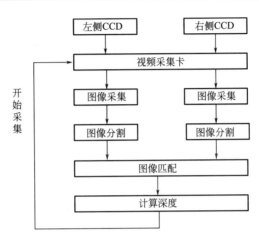

图7-8 双目视觉系统处理流程

下面分别对各步骤依次进行详细的说明。

① 图像采集。图像采集是图像信息处理的第一个步骤，此步骤要为图像分割、图像匹配和深度计算提供分析和处理的对象。

图像采集用的摄像头分为电子管式摄像头和固体器件摄像头两种，目前普遍采用 CCD 摄像头。本书采用 CCD 摄像头和图像采集卡在计算机的控制下完成图像输入、数字化和预处理工作。CCD 摄像头先将局部视场内的光学图像信号转换成为带有图像空间信息的电信号，然后与同步信号合成完整的视频信号，利用同轴电缆传输给图像采集卡；视频信号经过图像采集卡上的 A/D 转换成为数字式图像数据，存放在采集卡的帧存储器中，供计算机进行各种处理操作。

视觉图像是模拟量，要对视频图像进行数字化才能输入计算机。视频图像采集卡可以将摄像头摄取的模拟图像信号转换成数字图像信号，使计算机得到所需要的数字图像信号。转换后的数字图像信号存储在图像采集卡上的帧存储器内，该存储器被映射为微机内存的一部分，微机可通过访问这部分内存处理图像。图像数字化后，我们从计算机上所得的图像数据是由一个个像素所组成的，每个像素都对应于物体上的某一点。

② 图像分割。图像分割的目的是将图像划分成若干个有意义的互不

相交的小区域，或者是将目标区域从背景中分离出来。小区域是具有共同属性并且在空间上相互连接的像素的集合[8]。

　　a. 阈值分割原理。一幅图像包括目标、背景和噪声，设定某一阈值 T 将图像分成两部分：大于等于 T 的像素群和小于 T 的像素群。

$$f'(x,y)=\begin{cases}1 & f(x,y)\geqslant T \\ 0 & f(x,y)<T\end{cases} \tag{7-4}$$

　　在实际处理时，为了显示需要一般用 255 表示背景，用 0 表示对象物。

　　由于实际得到的图像目标和背景之间不一定单纯地分布在两个灰度范围内，此时就需要两个或两个以上的阈值来提取目标。

$$f'(x,y)=\begin{cases}1 & T_1\leqslant f(x,y)\leqslant T_2 \\ 0 & 其他\end{cases} \tag{7-5}$$

　　图像阈值化分割是一种传统的最常用的图像分割方法，因其实现简单、计算量小、性能较稳定而成为图像分割中最基本和应用最广泛的分割技术。它特别适用于目标和背景占据不同灰度级范围的图像。

　　b. 阈值分割方法分类。

　　• 直方图阈值分割。20 世纪 60 年代中期，Prewitt 提出了直方图双峰法，即如果灰度级直方图呈明显的双峰状，则选取两峰之间的谷底所对应的灰度级作为阈值。

　　• 最佳阈值分割。使图像中目标物和背景分割错误最小的阈值。

　　• 均值迭代阈值分割。选择一个初始的估计阈值 T（可以用图像的平均灰度值作为初始阈值），用该阈值把图像分割成两个部分 R_1 和 R_2，分别计算 R_1 和 R_2 的灰度均值 μ_1 和 μ_2，选择一个新的阈值 $T=(\mu_1+\mu_2)/2$，重复直至后续迭代中平均灰度值 μ_1 和 μ_2 保持不变。

　　③ 目标匹配。在机器识别事物的过程中，常常需要把不同传感器或同一个传感器在不同时间、不同成像条件下对同一景物获取的两幅或多幅图像在空间上对准，或根据已知模式到另一幅图中寻找响应的模式，这就叫匹配[9]。

　　目标匹配是双目视觉系统信息处理中的关键技术，因为要取得障碍物的位置信息，就必须对从图像中分离出来的目标信息进行匹配处理[10]。当空间三维场景被投影为二维图像时，受场景中光照强度和角度、景物几何形状、物理特性、噪声干扰以及摄像头特性等因素的影响，同一景物在不同视点下的图像会有一定不同，要快速准确地对包含以上不利因素的图像进行匹配具有一定的难度。目前常用的目标匹配算法如表 7-3 所示。

表7-3 常用目标匹配算法

目标匹配算法		算法介绍
局部匹配	区域匹配	在一定的区域内寻找最小的误差
	基于梯度的优化	通过梯度优化,使某度量函数的相似性最小化
	特征匹配	对可靠的特征进行匹配
全局匹配	动态规划	找出一条最好的路径给扫描线的视差表面
	本征曲线	通过将扫描线映射到本征曲线空间,使得搜索空间转换为最近邻域查找问题
	图切法	把视差表面确定为图中最大流的最小割
	非线性融合	应用局部扩散过程统计支持率
	置信度传播	根据在置信度网络中传递的信息求视差
	非对应性方法	在目标函数的基础上,剔除场景模型中的有误元素

双目视觉系统的目标匹配有多种算法,发展了很多年,其主要目的是对参考图和目标图之间的像素的相对匹配关系进行计算,一般由以下几个步骤组成。

① 匹配误差计算。

② 误差集成。

③ 视差图优化。

④ 视差图校正。

在这里,其实就是对 Kinect 传感器输入的大量数据进行了计算,这里的计算时间就是我们平时能感觉到的服务机器人的"考虑"时间,"考虑"时间越短,代表计算机对数据处理速度越快,计算机性能越好。

⑤ 障碍物识别。

在实际的双目视觉系统信息获取过程中,环境中静止的物体或是移动的人体都是障碍物,那么双目视觉系统对这些障碍物的识别则称为障碍物识别。其中,对静止的物体的识别称为静态障碍物识别,对移动的人体的识别称为动态障碍物识别。

基于双目立体视觉的障碍物检测的关键在于以下两点。

a.检测障碍物目标的提取,即识别出障碍物在图像中的位置和大小。

b.检测障碍物目标区域图像对之间的立体匹配点,从而得到障碍物目标的深度信息。

障碍物识别方法分为静态障碍物识别和动态障碍物识别,其中静态障碍物识别方法是目前运用最多的,但其中也存在很多问题,接下来本书会详细阐述。

　　a.静态障碍物识别。基于双目立体视觉的障碍物检测方法可以进一步分为单目检测和双目检测，单目检测实质是先通过单幅图像检测障碍物在图像上的位置，再用双目立体视觉计算障碍物的空间信息。

　　简单地说，基于双目立体视觉的障碍物的识别方法主要是通过判别图像中像素点是否在服务机器人的行进路面上。当然，在进行障碍物识别之前，首先需要对摄像机系统进行标定，求出摄像机的各个参数，确定摄像组之间的相对位置关系。

　　传统的基于双目立体视觉的障碍物的识别方法是：首先计算服务机器人的行进道路前方拍摄图像中需要判定的每一个像素点，得到前方物体的高度信息。当物体的高度值高于或低于地面一定阈值的点被认为是障碍点，否则识别为可行进区域。摄像机标定完后，还需要对左右两摄像头拍摄到的两幅图像对中的像素点进行匹配，根据匹配的像素对的图像坐标值进行空间地图重建。传统的障碍识别方法比较简单，但如果用此种方法对所得图像中的所有的像素都进行相应的匹配，然后再进行二维地图重建，则计算复杂，不能满足服务机器人障碍物识别的实时性要求。

　　传统的基于双目立体视觉的障碍物的识别方法通常采用 3D 重建技术，计算相当复杂，因此运用传统的障碍物识别方法的服务机器人的避障的实时性较差。

　　现在也有一些研究人员提出静态障碍物识别的另一种方法，即障碍物特征识别，所运用的方法是阈值分割方法。障碍物识别流程如图 7-9 所示。

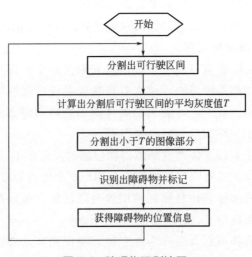

图 7-9　障碍物识别流程

障碍物就是在平均灰度图的基础上小于平均值的部分，并且用最小矩形框标出，效果如图 7-10 所示。

图 7-10　静态障碍物识别例图

从图 7-10 中可以看出，左车道附近的石子已被方框标记出来，表示已被机器人识别，同时也识别出车底的阴影部分，由此来确定车辆的位置信息。但此种方法存在一个问题，即若障碍物面积和形状与车底阴影部分相似，那么车辆的位置信息很有可能被错误识别。

b. 动态障碍物识别。目前双目视觉系统的障碍物识别应用较多的是静态障碍物识别，动态障碍物识别也逐渐运用起来。动态障碍物识别中最典型的障碍物识别便是运动的人体或者是机器人本身的移动、旋转。动态障碍物识别方法是基于安装在服务机器人底板的激光测距仪对目标人物进行识别，不论是服务机器人自身的移动、旋转或是有人体的站立、行走等动态干扰，动态障碍物识别方法基本上都能比较准确地判断出目标障碍物的位置、大小以及高度[11]。

国外也有很多组织在研究服务机器人的动态障碍物识别，比如有些机构在研究 RGBD 传感器用来做障碍物识别的传感器。但是 RGBD 传感器并没有被广泛使用，其原因是存在以下几个缺陷。

- 目标障碍物要保证不能被其他障碍物所遮挡。
- 有限的测量角度使测量的周围环境空间受限。
- 不适用于移动的平台。
- 此种方法的动态障碍物识别需要特殊的设备且花费昂贵。

目前动态障碍物识别方法的原理是利用传感器识别人体的腰部以下的位置，但是这种方法存在一个问题，若目标障碍物是穿裙子的女性，那么此方法便不能判断这个女性是目标障碍物。

双目视觉系统在进行障碍物识别之后，便要进行周围环境的二维地图构建，再规划避障路径，从而我们能看到机器人移动。避障路径如图 7-11 所示。

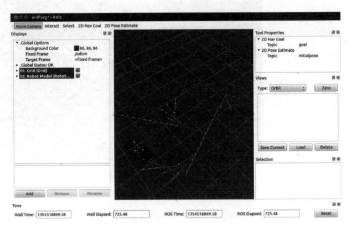

图 7-11 避障路径

无论是基于双目视觉系统的静态障碍物识别还是动态障碍物识别，服务机器人都能够根据双目视觉系统的识别情况切换到障碍躲避方法并规划障碍躲避路径。

7.2.3 机器视觉在服务机器人上的应用

机器视觉的最大优点是与被观测对象无接触，对观测与被观测者都不会产生任何损伤，十分安全可靠。理论上，人眼观察不到的范围机器视觉也可以观察，例如红外线、微波、超声波等，而机器视觉则可以利用这方面的传感器件形成红外线、微波、超声波等图像，且其比人眼具有更高的精度与速度，因此极大拓宽了机器视觉技术的检测对象与范围。正因为机器视觉所具有的诸多优点，其越来越广泛地应用在国民经济的各行业。下面将以农业采摘机器人为例，介绍机器人感知系统在服务机器人上的应用。

农业采摘机器人是机器人技术迅速发展的结果，是农业向自动化和智能化发展的重要标志。目前，发达国家在农业采摘机器人研究方面居于领先地位，已研制出番茄、黄瓜、葡萄、柑橘等水果和蔬菜收获机器人。农业采摘机器人工作于非结构性、未知的和不确定的环境中，其作业对象是随机分布的，决定了农业采摘机器人必须具有智能化的感应能力，以适应复杂的作业环境。农业采摘机器人上传感器的应用直接影响到农业采摘机器人对环境的感知能力，同时也影响到农业采摘机器人的智能程度，在研制不同农业采摘机器人时需要选择简单、稳定、易实现的传感器以提高其作业能力。下面以农业采摘机器人为例，讲述相应传感器在其中的应用。主要以视觉传感器、位置传感器、力传感器、避障传感器为例展开。

如图 7-12 所示为当前已经研发成功的一种农业采摘机器人。果蔬采摘机器人作业于温室非结构环境下，是一种融合多项传感技术的高度协同自动化系统。采摘机器人不仅需要完成作业对象信息获取、成熟度判别，以及确定收获目标的三维空间信息及视觉标定；同时需要引导机械手与末端执行器完成抓取、切割、回收任务。长远来看，研究果蔬采摘机器人旨在降低人工采收劳动强度，推动温室果蔬自动化采收技术发展。当前来讲，研制果蔬采摘机器人可以为验证果蔬采摘信息获取、空间匹配及三维定位方法提供硬件平台。

图 7-12　农业采摘机器人

采摘机器人系统主要由双目立体视觉系统、机械手系统（包括机械臂、末端执行器与机械手控制器）、中央控制器、导航行走平台（包括导航摄像机与履带平台）、能源系统及其他附件组成，其硬件构成如图 7-13 所示。

根据信息传输过程，采摘机器人又可分为三大模块：视觉信息获取系统、信息处理系统与动作执行系统。其中，双目立体视觉系统与导航摄像机构成视觉信息获取系统，为信息获取层；中央控制器作为信息处理系统，为信息处理层；机械手系统、履带平台和显示器构成动作执行系统，为信息执行层。

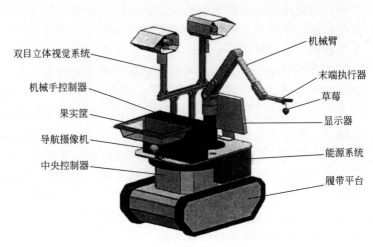

图 7-13   采摘机器人硬件构成

如图 7-14 所示为机器人系统信息传输流程，根据信息内容，又可将机器人分为导航信息系统与采摘信息系统两大模块。

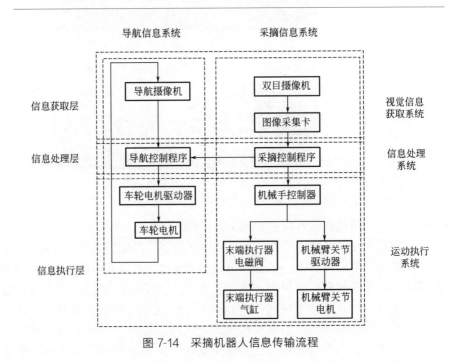

图 7-14   采摘机器人信息传输流程

① 导航信息系统。通过导航摄像机实时获取路面图像信息，将图像数据传输至中央控制器。中央控制器调用导航控制程序，计算获得车轮电机驱动器转向所需的导航控制参数，最终通过控制车轮电机转速实现导航转向[12]。

② 采摘信息系统。通过双目摄像机采集对象图像模拟信号，图像采集卡将图像模拟信号转换为数字信号，中央控制器调用采摘控制程序对图像进行处理，计算对象采摘点三维坐标信息，并发送至机械手控制器。机械手控制器将一部分信号转换为机械臂关节驱动器可识别的运动参数，由机械臂关节电机完成目标三维定位；另一部分信号由末端执行器单片机转换为电平信号，发送至末端执行器电磁阀，最终通过末端执行器气缸的张合动作完成果梗切割与夹持。

③ 机器人采摘信息系统发现采摘对象后向导航信息系统发送停车指令，在行走平台停止前行后，进行后续采摘动作流程。

2007 年，中国农业大学的汤修映、张铁中等人研制了一个六自由度的圆柱形黄瓜采摘机器人 FVHR-I，如图 7-15 所示[13]。机器人本体结构由机身的回转自由度和垂直移动自由度、臂部的伸缩移动自由度、腰部的三个旋转自由度组成。各关节采用步进电机驱动，结构相对简单，易于控制。末端执行器由一个活动刃口和固定刃口组成，仅需一个开合动作，效率较高。控制系统采用基于 PC 机和运动控制卡的多处理器开放式控制系统平台。视觉系统采用基于 RGB 模型 G 分量的图

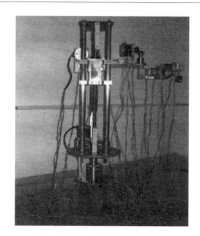

图 7-15　黄瓜采摘机器人

像分割算法，分割成功率为 70%。该机器人运动定位精度为 ±2.5mm，末端执行器的采摘成功率达到 93.3%。该机器人的结构较为笨重，果实识别处理算法的准确度还不够高，有待进一步提高。

由以上讲述可见，服务机器人有着比人类更多的感知单元，那么，服务机器人的能力一定强于人类吗？服务机器人的能力在局部确实是超过了人类，但由于其大脑、小脑的限制，其综合能力仍然不及人类。但可以预见，随着传感器技术的不断提升，服务机器人的功能将会更加强大。

参考文献

[1] 石继雨. 机器人双目立体视觉技术研究[D]. 哈尔滨：哈尔滨工程大学，2003.

[2] 胡兰子，陈进军. 传感器技术在机器人上的应用研究[J]. 软件，2012，33(7): 164-167.

[3] 王宏，艾海周. 移动机器人体系结构与系统设计[J]. 机器人，1993 15(1): 49-54.

[4] 张五一，赵强松，王东云. 机器视觉的现状及发展趋势[J]. 中原工学院学报，2008，19(1): 9-15.

[5] 章毓晋. 图像理解与计算机视觉. 北京：清华大学出版社，2000.

[6] 章炜. 机器视觉技术发展及其工业应用[J]. 红外，2006，27(2): 11-17.

[7] 明祖衡. 双目立体视觉测距算法研究[D]. 北京：北京理工大学，2008.

[8] 盖光建. 基于图像的特征信息提取与目标识别[D]. 哈尔滨：哈尔滨理工大学，2009.

[9] Kolmogorov V, Monasse P, Tan P. Kolmogorov and Zabih's Graph Cuts Stereo Matching Algorithm[J]. Image Processing On Line, 2014, 4: 220-251.

[10] Berg A, Berg T, Malik J. Shape matching and object recognition using low distortion correspondences, IEEE Computer Society Conference on Computer Vision and Pattern Recognition, 2005, 21: 26-33.

[11] Hahnel M, Klunder D, Kraiss K. Color and texture features for person recognition. 2004, IEEE International Joint Conference on Neural Networks, 2004: 647-652.

[12] 卢韶芳，刘大维. 自主式移动机器人导航研究现状及其相关技术. 农业机械学报[J]. 2002, 3, 33(2): 112-116.

[13] 刘长林，张铁中，杨丽，等. 茄子收货机器人视觉系统图像识别方法[J]. 农业机械学报，2008，39(11): 216-219.

第8章

服务机器人的
操作系统

2007 年 1 月，比尔·盖茨在《科学美国人》上撰文预言：机器人即将重复个人电脑崛起的道路，走进千家万户。然而机器人行业面临的挑战，和 30 年前电脑行业遇到的问题"如出一辙"。

① 流行的应用程序很难在五花八门的装置上运行。

② 在一台机器上使用的编程代码，几乎不可能在另一台机器发挥作用，如果想开发新的产品，通常要从零开始。

究其原因，由硬件和软件造成。

① 硬件。结构和设备的标准化。

② 软件。操作系统的完善化。

机器人操作系统使得每一位机器人设计师都可以使用同样的平台来进行机器人软件开发，而服务机器人的操作系统正是服务机器人研究和发展的重点。

8.1 服务机器人的操作系统概述

服务机器人的操作系统包括硬件抽象、底层设备控制、常用功能实现、进程间消息以及数据包管理等功能，一般而言可分为底层操作系统层和实现不同功能的各种软件包，本节将系统性的对服务机器人的操作系统以及关键技术进行介绍。

8.1.1 服务机器人操作系统的概述

服务机器人的操作系统是运行在机器人中、管控机器人的软件体系。可从软件架构、运行机制、功能和人机交互方式进行分析。

（1）软件架构

服务机器人的操作系统软件架构可从纵向和横向两个方面分析。

① 纵向上的两层结构包括资源管理层和行为管理层。

a.资源管理层。资源管理层作用之一是管理与控制机器人硬件资源，屏蔽机器人硬件资源的异构性，并以优化的方式实现对硬件资源的使用。机器人的硬件资源包括：处理器、存储器、通信设备、各类传感器、行为部件等外设。

资源管理层另一个作用是管理机器人软件资源，实现软件的部署、运行和协同。同时管理数据的传输、存储和处理，提供人机交互接口。资源管理层结构框架如图 8-1 所示。

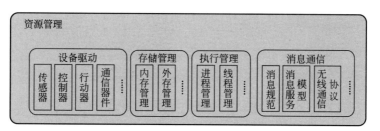

图 8-1　资源管理层结构框架

b. 行为管理层。行为管理层是管理与控制机器人的高级认知（例如观察、判断、决策），并将其转化为作用于物理世界的行动。行为管理层结构框架如图 8-2 所示。

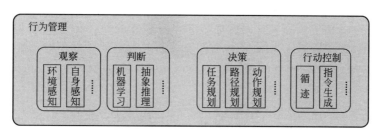

图 8-2　行为管理层结构框架

② 软件架构横向上的分布式结构。机器人的软硬件模块构成分布式结构，其中包含传感器节点（摄像机、激光扫描测距仪、GPS、惯性测量单元、声呐等）、计算存储通信节点（运行判断、规划决策等算法，地图、知识库等）、控制执行节点（对机械臂等执行部件的行动控制）。当然，多机器人也可构成分布式结构：多个异构的机器人节点，后台服务器节点等。分布式结构负责管理分布式处理系统资源和控制分布式程序运行。分布式程序由若干个可以独立执行的程序模块组成，它们分布于一个分布式处理系统的多台上位机并被同时执行。它与集中式的程序设计结构相比有三个特点：分布性、通信性和稳健性。而分布式处理系统具有执行远程资源存取的能力，并以透明方式对分布在网络上的资源进行管理和存取。

（2）运行机制

服务机器人的操作系统运行机制可认为是执行"观察—判断—决策—

行动控制"闭环行为链。

观察：通过传感器观察环境和自身状态。

判断：根据观察，形成判断。

决策：进行决策，产生行动方案。

行动控制：控制行动的过程。

（3）功能

① 资源管理方面：管理软硬件、数据资源，满足传感器驱动、行动控制、无线通信、分布式构架等机器人的特殊要求。

② 行为管理方面：实现行为的抽象和管理，支撑行为的智能化，同时管理"观察—判断—决策—行动控制"闭环链的调度执行，提供可复用的共性基础软件库和工具以及需要满足行为的可靠性约束。

（4）人机交互方式

人机交互对于服务机器人而言不仅包含了人类与机器人的信息交互，还包括了机器人对周围环境和自身状态的一种反应。其中操作系统在这一层面的输入包含了人类行为、周围环境、自身状态，输出包含的是机器人的行动。

8.1.2　服务机器人操作系统的关键技术

服务机器人操作系统关键技术包含：行为模型、分布式架构、观察和信息的融合、判断与决策及其控制等。

（1）行为模型

服务机器人操作系统的架构首要考虑的问题是行为模型，即通过何种运行机制去实现操作系统的管理。如前面所提到的"观察—判断—决策—行动控制"闭环行为链，是著名的博伊德OODA循环，原本用于军事信息领域，现今适合各类行为模型，如图8-3所示。

图 8-3　OODA 循环

（2）分布式架构

在具有行为模型的前提下，分布式架构的设计是操作系统的另一个核心点。

机器人操作系统的新三互是互操作、互理解、互遵守。对于传统操作系统的老三互（互连、互通、互操作）而言，新三互具有更优秀的体系。

① 互操作：即老三互中的以无线通信为基础的"互连""互通""互操作"。

② 互理解：包含了机器之间的交互，以及人机交互，如自然语言理解、姿态理解、触觉、嗅觉、表情、情感理解。

③ 互遵守：包含了物理规则（遵守物理定律）、信息规则（遵守信息域的协议等）、社会规则（遵守道德、法律）等。

同时，分布式架构另一个关键技术在于实时性，其中包含了结点实时性、消息实时性、任务实时性，如图 8-4 所示。

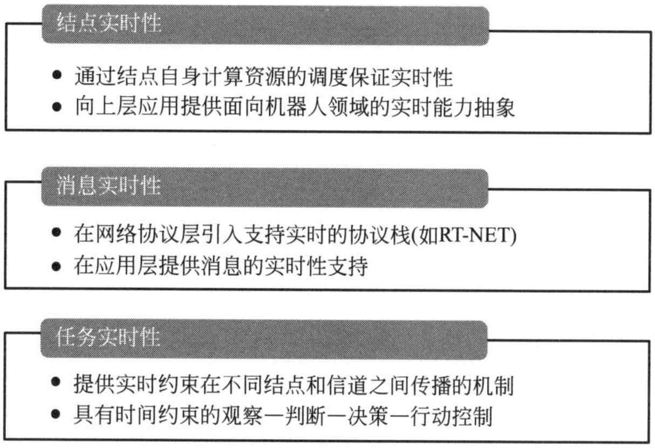

图 8-4　分布式框架的实时性

（3）观察和信息的融合

不同机器人对于同一环境所感知的数据很可能截然不同，所以环境观察和传感器信息融合的标准化是机器人操作系统必须要解决的问题。

① 环境的观察和表示。服务机器人对于自身所处环境的感知需要实时更新，并且对于周围环境的表示也必须做到共性化、模块化、标准化。要做到面对同一环境，不同机器人的环境模型要统一，使得机器人操作系统可以运行于多个机器人。

② 传感器的信息融合。机器人通过传感器对外部环境进行感知后，需要进行传感器的信息融合并作用于各类算法辅助决策。其中包括异构传感器的硬件抽象与消息格式标准化、高精度、鲁棒的多传感器信息融合算法库、多机器人协同观察-信息筛选机制等核心技术。图 8-5 所示为类比于计算机系统，机器人操作系统的"标配外设"。图中的机器人正是

由机器人操作系统 ROS 所支持的家庭服务机器人 PR2。

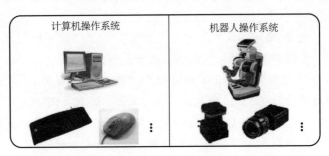

图 8-5　计算机与机器人的外设

(4) 判断与决策及其控制

① 判断与决策。具有人类的判断和决策能力是机器人学追求的目标，目前机器学习、数据与传统人工智能方法相结合的判断等前沿技术是辅助机器人判断的有力工具。而在规划与决策端，针对不确定性较强的环境，马尔科夫决策过程和增强学习算法是可以采用的概率模型。

② 行动与控制。机器人在行动和执行过程中需要实现不同自主等级的控制，以适应环境的动态变化以及响应人不同程度的人工干预。图 8-6 所示为一可变自主权限的机器人管理与控制系统。

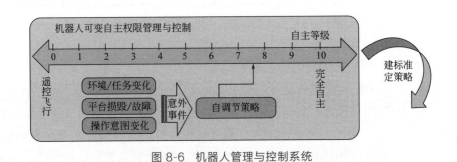

图 8-6　机器人管理与控制系统

8.2　ROS 及其应用

开源机器人操作系统[1]（robot operating system，ROS）集成了全世界机器人领域顶级科研机构，包括斯坦福大学、麻省理工学院、慕尼黑工业大学、加州大学伯克利分校、佐治亚理工大学、弗莱堡大学、东京大学等多年研究成果，一经问世便受到了科研人员的广泛关注。随后，ROS 又借助其开源的魅力吸引了世界各地机器人领域的仁人志士群策群力，推动其不断进步。

ROS 是一个先进的机器人操作系统框架，现今已有数百个研究团体和公司将其应用在机器人技术产业中。在 2013 年麻省理工学院科技评论（MIT Technology Review）中指出："从 2010 年发布 1.0 版本以来，ROS 已经成为机器人软件的事实标准"。

8.2.1　ROS 的基本概念

（1）ROS 起源

随着机器人领域的快速发展和复杂化，代码的复用性和模块化的需求越来越强烈，而已有的开源机器人系统又不能很好地适应需求。于是，在 2010 年 Willow Garage 公司发布的开源机器人操作系统 ROS，一经问世便在机器人研究领域掀起了学习和使用热潮。

ROS 系统源于 2007 年斯坦福大学人工智能实验室的项目与机器人技术公司 Willow Garage 的个人机器人项目（personal robots program）之间的合作，2008 年之后就由 Willow Garage 进行推动，至今已有四年多的时间。随着 PR2 机器人那些不可思议的表现，譬如叠衣服、插电源、做早饭等行为，ROS 系统得到越来越多的关注。Willow Garage 公司也表示希望借助开源的力量使 PR2 变成"全能"机器人。

PR2 价格高昂，2011 年零售价高达 40 万美元。PR2 现主要应用于科研。PR2 有两条手臂，每条手臂 7 个关节，手臂末端是一个可以张合的钳子。PR2 依靠底部的 4 个轮子移动。在 PR2 的头部、胸部、肘部、钳子上安装有高分辨率摄像头，以及激光测距仪、惯性测量单元、触觉传感器等丰富的传感设备。在 PR2 的底部有两台 8 核的电脑作为机器人各硬件的控制和通信中枢，这两台电脑安装有 Ubuntu 和 ROS。图 8-7 是 PR2 正在执行抓取任务。

（2）ROS 定义

ROS 是面向机器人的开源的元操作系统（meta-operating system）。它能够提供类似传统操作系统的诸多功能，如硬件抽象、底层设备控制、常用功能实现、进程间消息传递和程序包管理等。此外，它还提供相关工具和库，用于获取、编译、编辑代码以及在多个计算机之间运行程序，完成分布式计算。

图 8-7 PR2 机器人

（3）设计目标

ROS 是开源并用于机器人的一种后操作系统，部分学者称其为次级操作系统。它提供类似操作系统所提供的功能，包含硬件抽象描述、底层驱动程序管理、共用功能的执行、程序间的消息传递、程序发行包管理，它也提供一些工具程序和库，用于获取、建立、编写和运行多机整合的程序。

ROS 的首要设计目标是在机器人研发领域提高代码复用率。ROS 是一种分布式处理框架（nodes）。这使可执行文件能被单独设计，并且在运行时松散耦合。这些过程可以封装到数据包（packages）和堆栈（stacks）中，以便于共享和分发。ROS 还支持代码库的联合系统，使得协作亦能被分发。这种从文件系统级别到社区一级的设计让独立地决定发展和实施工作成为可能。上述所有功能都由 ROS 的基础工具实现。

（4）主要特点

ROS 的运行架构是一种使用 ROS 通信模块实现模块间 P2P 的松耦合的网络连接的处理架构，它执行若干种类型的通信，包括基于服务的同步 RPC（远程过程调用）通信、基于 Topic 的异步数据流通信，还有参数服务器上的数据存储，但是 ROS 本身并没有实时性。

ROS 主要优势可以归为以下几条：

① 点对点设计。节点图如图 8-8 所示。

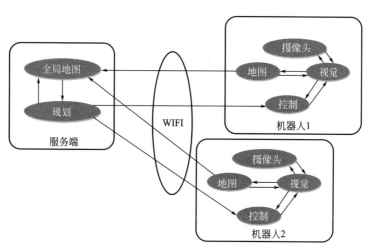

图 8-8　节点图

一个使用 ROS 的系统包括一系列进程，这些进程存在于多个不同的主机并且在运行过程中通过端对端的拓扑结构进行联系。基于中心服务器的那些软件框架也可以实现多进程和多主机的优势，但是在这些框架中，当各电脑通过不同的网络进行连接时，中心数据服务器就会发生问题。

ROS 的点对点设计以及服务和节点管理器等机制可以分散由计算机视觉和语音识别等功能带来的实时计算压力，能够适应多机器人遇到的挑战。

② 分布式计算。现代机器人系统往往需要多个计算机同时运行多个进程，单计算机或者多计算机不同进程间的通信问题是解决分布式计算问题的主要挑战，ROS 为实现上述通信，提供了一个通信中间件来实现分布式系统的构建。

③ 软件复用。随着机器人研究的快速推进，诞生了一批应对导航、路径规划、建图等通用任务的算法。任何一个算法实用的前提是其能够应用于新的领域，且不必重复实现。事实上，如何将现有算法快速移植到不同系统一直是一个挑战，ROS 通过以下两种方法解决这个问题。

a. ROS 标准包（standard packages）提供稳定、可调式的各类重要机器人算法实现。

b. ROS 通信接口正在成为机器人软件互操作的事实标准，也就是说，绝大部分最新的硬件驱动和最前沿的算法实现都可以在 ROS 中找到。例如，在 ROS 的官方网页上有着大量的开源软件库，这些软件使用

ROS 通用接口，从而避免为了集成它们而重新开发新的接口程序。

综上所述，开发人员如果使用 ROS 可以将更多的时间用于新思想和新算法的设计与实现，尽量避免重复实现已有的研究结果。

④ 多语言支持。由于编程者会偏向某一些编程语言，这些偏好是个人在每种语言的编程时间、调试效果、语法、执行效率以及各种技术和文化的原因导致的结果。为了解决这些问题，ROS 被设计成了语言中立性的框架结构。ROS 支持许多种不同的语言，例如 C++、Python、Octave 和 LISP，也包含其他语言的多种接口实现。

ROS 的特殊性主要体现在消息通信层，而不是更深的层次。端对端的连接和配置利用 XML-RPC 机制进行实现，XML-RPC 也包含了大多数主要语言的合理实现描述。ROS 能够利用各种语言实现得更加自然，更符合各种语言的语法约定，而不是基于 C 语言给各种其他语言提供实现接口。但在某些情况下利用已经存在的库封装后支持更多新的语言会更加方便，比如 Octave 的客户端就是通过 C++的封装库实现的。

为了支持交叉语言，ROS 利用了简单的、与语言无关的接口定义语言去描述模块之间的消息传送。接口定义语言使用了简短的文本去描述每条消息的结构，也允许消息的合成。

每种语言的代码产生器会产生类似本种语言的目标文件，在消息传递和接收的过程中通过 ROS 自动连续并行地实现。因为消息是从各种简单的文本文件中自动生成的，所以很容易列举出新的消息类型。在编写的时候，已知的基于 ROS 的代码库包含超过 400 种消息类型，这些消息从传感器传送数据，使得物体检测到了周围的环境。

最后的结果就是一种与语言无关的消息处理，让多种语言可以自由地混合和匹配使用。

⑤ 精简与集成。大多数已经存在的机器人软件工程都包含了可以在工程外重复使用的驱动和算法，由于多方面的原因，大部分代码的中间层都过于混乱，以至于很难提取出它的功能，也很难把它们从原型中提取出来应用到其他方面。

为了应对这种趋势，所有的驱动和算法逐渐被发展成为对 ROS 没有依赖性的单独的库。ROS 建立的系统具有模块化的特点，各模块中的代码可以单独编译，而且编译使用的 CMake 工具使它很容易实现精简的理念。ROS 基本将复杂的代码封装在库里，只是创建了一些小的应用程序为 ROS 显示库的功能，就允许对简单的代码超越原型进行移植和重新使用。作为一种新加入的单元测试，当代码在库中分散后也变得非常容易，一个单独的测试程序可以测试库中很多的特点。

ROS 利用了很多现在已经存在的开源项目的代码，比如从 Player 项目中借鉴了驱动、运动控制和仿真方面的代码，从 OpenCV 中借鉴了视觉算法方面的代码，从 OpenRAVE 借鉴了规划算法的内容，还有很多其他项目。在每一个实例中，ROS 都用来显示多种多样的配置选项以及和各软件之间进行数据通信，同时对它们进行微小的包装和改动。ROS 可以不断地从社区维护中进行升级，包括从其他软件库、应用补丁中升级 ROS 的源代码。

⑥ 工具包丰富。为了管理复杂的 ROS 软件框架，大量的小工具被利用去编译和运行多种多样的 ROS 组建，从而设计成内核，而不是构建一个庞大的开发和运行环境。

这些工具担任了各种各样的任务，例如，组织源代码的结构，获取和设置配置参数，形象化端对端的拓扑连接，测量频带使用宽度，生动的描绘信息数据，自动生成文档等。尽管已经测试通过像全局时钟和控制器模块的记录器的核心服务，但还是希望能把所有的代码模块化。事实上在效率上的损失远远是稳定性和管理的复杂性上无法弥补的。

⑦ 免费并且开源。ROS 所有的源代码都是公开发布的。这必将促进 ROS 软件各层次的调试，不断地改正错误。虽然像 Microsoft Robotics Studio 和 Webots 这样的非开源软件也有很多值得赞美的属性，但是一个开源的平台也是无可替代的。当硬件和各层次的软件同时设计和调试的时候这一点是尤其真实的。

ROS 以分布式的关系遵循着 BSD 许可，也就是说允许各种商业和非商业的工程进行开发。ROS 通过内部处理的通信系统进行数据的传递，不要求各模块在同样的可执行功能上连接在一起。因此，利用 ROS 构建的系统可以很好地使用它们丰富的组件，个别的模块可以包含被各种协议保护的软件，这些协议从 GPL 到 BSD，但是许可的一些"污染物"将在模块的分解上完全消灭掉。

⑧ 快速测试。为机器人开发软件比其他软件开发更具挑战性，主要是因为调试准备时间长，且调试过程复杂。况且，因为硬件维修、经费有限等因素，不一定随时有机器人可供使用。ROS 提供以下两种策略来解决上述问题。

a.精心设计的 ROS 系统框架将底层硬件控制模块和顶层数据处理与决策模块分离，从而可以使用模拟器替代底层硬件模块，独立测试顶层部分，提高测试效率。

b.ROS 另外提供了一种简单的方法，可以在调试过程中记录传感器数据及其他类型的消息数据，并在试验后按时间戳回放。通过这种方式，每次运行机器人可以获得更多的测试机会。例如，记录传感器的数据，并通过多次回放测试不同的数据处理算法。在 ROS 术语中，这类记录的数据叫作包（bag），一个被称为 rosbag 的工具可以用于记录和回放包数据。

采用上述方案的一个最大优势是实现代码的"无缝连接"，因为实体机器人、仿真器和回放的包可以提供同样（至少是非常类似）的接口，上层软件不需要修改就可以与它们进行交互，实际上甚至不需要知道操作的对象是否是实体机器人。

当然，ROS 操作系统并不是唯一具备上述能力的机器人软件平台。ROS 的最大不同在于来自机器人领域诸多开发人员的认可和支持，这种支持将促使 ROS 在未来不断发展、完善、进步。

（5）总体结构

根据 ROS 系统代码的维护者和分布来标示，主要有两大部分。

a. main。核心部分，主要由 Willow Garage 公司和一些开发者设计、提供以及维护。它提供了一些分布式计算的基本工具，以及整个 ROS 的核心部分的程序编写。

b. universe。全球范围的代码，由不同国家的 ROS 社区组织开发和维护。一种是库的代码，如 OpenCV、PCL 等；库的上一层是从功能角度提供的代码，如人脸识别，该代码调用下层的库；最上层的代码是应用级的代码，让机器人完成某一确定的功能。

一般是从另一个角度对 ROS 进行分级的，主要分为三个级别：计算图级、文件系统级、社区级，如图 8-9 所示。

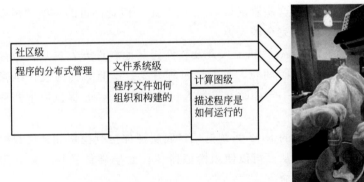

图 8-9　ROS 层级

① 计算图级。计算图是 ROS 处理数据的一种点对点的网络形式。程序运行时，所有进程以及所进行的数据处理，将会通过一种点对点的网络形式表现出来。这一级主要包括几个重要概念：节点（node）、消息（message）、主题（topic）、服务（service）。

a.节点。节点是一些直行运算任务的进程。ROS 利用规模可增长的方式是代码模块化，一个系统就是典型的由多个节点组成的。在这里，节点也可以称为"软件模块"。使用"节点"使得基于 ROS 的系统在运行的时候更加形象化。

b.消息。节点之间是通过传送消息进行通信的。每一个消息都是一个严格的数据结构。原来标准的数据类型（如整型、浮点型、布尔型等）都可被支持，同时也支持原始数组类型。消息可以包含任意的嵌套结构和数组（类似于 C 语言的结构 structs）。

c.主题。消息以一种发布/订阅的方式传递。一个节点可以在一个给定的主题中发布消息，并针对某个主题关注与订阅特定类型的数据。可能同时有多个节点发布或者订阅同一个主题的消息。总体上，发布者和订阅者不了解彼此的存在，如图 8-10 所示。

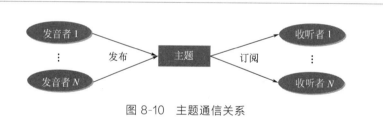

图 8-10　主题通信关系

d.服务。虽然基于话题的发布/订阅模型是很灵活的通信模式，但是它的广播式的路径规划对于可以简化节点设计的同步传输模式来说并不适合。在 ROS 中，称之为一个服务，用一个字符串和一对严格规范的消息定义，一个用于请求，一个用于回应。这类似于 web 服务器，web 服务器是由 URIs 定义的，同时带有完整定义类型的请求和回复文档。

在上面概念的基础上，需要有一个控制器可以使所有节点有条不紊地执行，这就是一个 ROS 的控制器（ROS master）。

ROS Master 通过 RPC（remote procedure call protocol，远程过程调用）提供了登记列表和对其他计算图表的查找。没有控制器，节点将无法找到其他节点、交换消息或调用服务。控制节点订阅和发布消息的模型如图 8-11 所示。

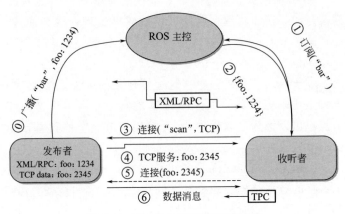

图 8-11　节点订阅和发布消息模型

　　ROS 的控制器给 ROS 的节点存储了主题和服务的注册信息。节点与控制器通信从而报告它们的注册信息。当这些节点与控制器通信的时候，它们可以接收关于其他已注册及节点的信息，并且建立与其他已注册节点之间的联系。当这些注册信息改变时控制器也会回馈这些节点，同时允许节点动态创建与新节点之间的连接。

　　节点与节点之间的连接是直接的，控制器仅仅提供了查询信息。节点订阅一个主题将会要求建立一个与出版该主题的节点的连接，并且将会在同意连接协议的基础上建立该连接。

　　ROS 控制器控制服务模型如图 8-12 所示。

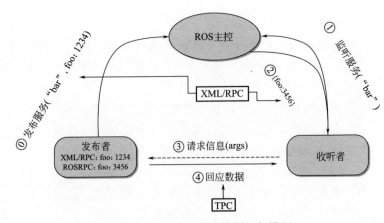

图 8-12　ROS 控制器控制服务模型

② 文件系统级。ROS 文件系统级指的是在硬盘上面查看的 ROS 源代码的组织形式。

ROS 中有无数的节点、消息、服务、工具和库文件，需要有效的结构去管理这些代码。在 ROS 的文件系统级，有两个重要概念：包（package）、堆（stack）。

a. 包。ROS 的软件以包的方式组织起来。包包含节点、ROS 依赖库、数据套、配置文件、第三方软件或者任何其他逻辑构成。包的目标是提供一种易于使用的结构以便于软件的重复使用。总的来说，ROS 的包短小精干。

b. 堆。堆是包的集合，它提供一个完整的功能，像"navigation stack"。Stack 与版本号关联，同时也是如何发行 ROS 软件方式的关键。

ROS 是一种分布式处理框架。这使可执行文件能被单独设计，并且在运行时松散耦合。这些过程可以封装到包和堆中，以便于共享和分发。

manifests（manifest. xml）：提供关于 package 元数据，包括它的许可信息和 package 之间的依赖关系，以及语言特性信息，像编译旗帜（编译优化参数）。

stack manifests（stack. xml）：提供关于 stack 元数据，包括它的许可信息和 stack 之间的依赖关系。

③ 社区级。ROS 的社区级概念是 ROS 网络上进行代码发布的一种表现形式，结构如图 8-13 所示。

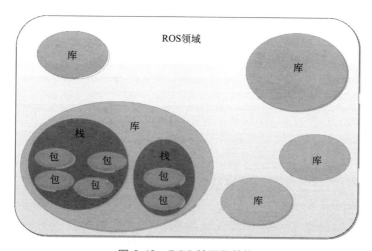

图 8-13 ROS 社区级结构

代码库的联合系统：使得协作亦能被分发，这种从文件系统级别到社区一级的设计让独立地发展和实施工作成为可能。正是因为这种分布式的结构，使得 ROS 迅速发展，软件仓库中包的数量呈指数级增加。

8.2.2 ROS 的应用

对于服务机器人而言，其所需功能包括运动、导航、建图，语音识别与交互，视觉识别与学习，机械臂控制等。而现如今，ROS 能较好地实现上述功能，本小节将简述 ROS 在各个功能中的基本应用。具体操作与实现请查看 ROS 官网，本书将不对其做过多阐述。

(1) 导航、路径规划和 SLAM

ROS 有一个强大的特性，即实时定位与绘制地图[2]（simultaneous localization and mapping，SLAM），可以为一个未知的环境绘制地图，并实时地定位自己在地图上的位置。至今为止，唯一可靠的 SLAM 方法就是用相当昂贵的激光扫描仪来收集数据。但在 Microsoft Kinect 和 Asus Xtion 摄像头面世后，通过摄像头获得的三维点云（point cloud）来生成模拟激光扫描仪是更经济的 SLAM 实现方法。

本小节内容将会涉及三个基本的 ROS 包，它们组成了导航栈的核心。

a. 用于让机器人在指定的框架内移动到目标位置的 move_base 包。

b. 用于根据从激光扫描仪获得的数据（或从深度摄像头获得的模拟激光数据）来绘制地图的 gmapping 包。

c. 用于在现在的地图中定位的 amcl 包。

在进行更深入的探讨前，强烈建议读者去阅读 ROS 的 Wiki 上的导航机器人起步指南（navigation robot setup）。这个指南很好地提供了对 ROS 导航栈的概述。完整地阅读导航指南（navigation tutorials）有助于更好地理解导航。而对于 SLAM 底下运用到的数学知识，Sebastian Thrun 在 Udacity 的人工智能（artificial intelligence）在线课程中提供了很好的介绍。

① 使用 move_base 包进行路径规划和障碍物躲避。Move_base 包实现了一个完成指定导航目标的 ROS 行为。读者应该通过阅读 ROS 的 Wiki 上的 actionlib 指南，熟悉 ROS 行为的基础知识。在机器人实现目标的过程中，行为是有反馈机制的。这意味着不再需要自己去通过 odometry 话题来判断是否已经达到目的地。

move_base 包（package）包含了 base_local_planner，在为机器人寻路的时候，base_local_planner 结合了从全局和本地地图得到的距

离测量数据。基于全局地图的路径规划是在机器人向下一个目的地出发前开始的，这个过程会考虑到已知的障碍物和被标记成"未知"的区域。要使机器人实际动起来，本地路径规划模块会监听着传回来的传感器数据，并选择合适的线速度和角速度来让机器人走完全局路径规划上的当前段。上位机将会显示本地的路径规划模块是如何随着时间推移而不断作出调整的。

a. 用 move_base 包指定导航目标。用 move_base 包指定导航目标前，机器人要被提供在指定的框架下的目标方位（位置和方向）。move_base 包是使用 MoveBaseActionGoal 消息类型来指定目标的。

b. 为路径规划设定参数。在 move_base 节点运行前需要 4 个配置文件。这些文件定义了一系列相关参数，包括越过障碍物的代价、机器人的半径、路径规划时要考虑未来多长的路、想让机器人以多快的速度移动等。这 4 个配置文件可以在 rbxl_nav 包的 config 子目录下找到，分别是：

base_local_planner_params.yaml

costmap_common_params.yaml

global_costmap_params.yaml

local_costmap_params.yaml

如果要学会所有参数的设置，请查阅 ROS Wiki 页面上导航机器人起步（Navigation Robot Setup）以及关于 costmap_2d 和 base_local_planner 参数部分的 Wiki 页面。

② 用 gmapping 包创建地图。在 ROS 中，地图只是一张位图，用来表示网络被占据的情况，其中白色像素点代表没有被占据的网格，黑色像素点代表障碍物，而灰色像素点代表"未知"。因此可以用任意的图像处理程序，可以自己画一张地图，或者使用别人创建好的地图。然而，如果机器人配有激光扫描仪和深度摄像头，那么它可以在目标的范围行动时创建自己的地图。如果机器人没有这些硬件，读者可以用在 rbxl_nav/maps 中的测试地图。

ROS 的 gmapping 包包含了 slam_gmapping 节点，这个节点会把从激光扫描仪和测量中得到的数据整合到一张 occupancy map 中。常用的策略是：首先通过遥控让机器人在一个区域内活动，同时让它记录激光和测量数据到 rosbag 文件中。然后运行 slam_gmapping 节点，利用记录的数据生成一张地图。首先记录数据的好处是，可以生成任意拥有相同数据的测试地图供以后不同参数的 gmapping 使用。

③ 用一张地图和 amcl 来导航和定位。如果没有硬件来让机器人创建一张地图，在本部分中可以用 rbxl_nav/maps 中的测试地图。

　　ROS 使用 amcl 包来让机器人在已有的地图里利用当前从机器人的激光或深度扫描仪中得到的数据进行定位。

　　图 8-14、图 8-15 是一些现实测试中的截图。图 8-15 是在测试开始后截图的，图 8-14 是在机器人环境周围运动了几分钟后截图的。

图 8-14　测试截图（1）

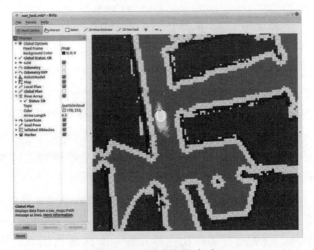

图 8-15　测试截图（2）

　　请注意在图 8-14 中的方位都很分散，而在图 8-15 中就收缩到机器人周围了。在这个测试中，机器人是相当确定自己在地图中的位置的。

　　为了测试障碍物躲避能力，在离目标一定距离外启动机器人，接着在机器人运动时，人可以在它面前走动。在底座的本地路径规划中会控制机器人绕过人，然后继续向目标走去。

如果上位机已经运行了键盘或者操纵杆的节点，还可以在 amcl 运行时遥控机器人。

（2）语音识别及语音合成

语音识别已经和 Linux 一起走过了相当长一段路，这要归功于 CMU Sphinx 和 Festival 项目[3]，同样也能从现有的 ROS 包（package）语音识别和文字转换语音中获益。有了这些，要为机器人添加语音控制及语音反馈是非常容易的事情。

语音识别过程可分为：音频识别、语义分析、音频输出。

其中音频识别是语音识别的关键，常用的识别器有 pocketsphinx、科大讯飞、百度语音识别等。ROS 用户可以通过配置相应识别器进行音频识别，再通过对语义分析代码的编写，完成一个语音识别系统。图 8-16 是基于科大讯飞为识别器的节点关系图，其中粗线框描述的是科大讯飞识别器的节点通信关系。

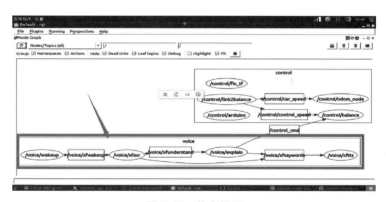

图 8-16　节点关系

（3）机器人的视觉系统

当今正处于计算机视觉系统的黄金时代，像微软 Kinetic 和 Asus Xtion 这样的廉价高性能网络摄像机能够为机器人爱好者提供 3D 立体视觉而又不必花费一大笔钱去购买立体摄像机。但是，仅仅让电脑获取大量的像素单元和值是不够的，使用这些数据去提取有用的视觉信息才是比较有挑战性的计算问题。幸运的是，成千上万的科学家在几十年的努力中研究出了一套强大的视觉算法，它能把简单的颜色转换成方便使用的数据，而不用从零开始。

机器视觉的总体目标是识别隐藏在像素组成的世界中物体的结构。每个像素都是一个有连续状态变换的流，能够影响它变化的因素取决于投在这一像素上的光线亮度、视觉角度、目标动作、规则和不规则的噪声，所以，电脑视觉算法是为了从这些变化的值中提取更加稳定的特征而设计的。特征可能是某个角落、某个边界、某个特定区域、某块颜色，或者动作碎片等。当从一张图片或一个视频中获取到稳定特征的集合时，便可以通过对它们的追踪，或将某些合并在一起，来支持对象的侦测和识别。

① OpenCV、OpenNI 和 PCL。OpenCV、OpenNI 和 PCL 是 ROS 机器人视觉系统的三大支柱。OpenCV 被用于 2D 图像处理和机器学习。OpenNI 提供当深度相机（如 Kinect 和 Xtion）被使用时的驱动以及"Natural Interaction"库，来实现骨架追踪。PCL 又叫"Point Cloud Library"，是处理 3D 点云的一个选择。在本书中，将主要关注 OpenCV，但同时也会为 OpenNI 和 PCL 提供一些简短的介绍（已经熟悉 OpenCV 和 PCL 的读者可能会对 Ecto 感兴趣，它是 Willow Garage 新写的视觉框架，它允许通过一个接口同时使用 OpenCV 和 PCL 两个库）。

② OpenCV：计算机视觉的开源库。1999 年，OpenCV 被 Intel 开发出来，用于测试 CPU 高利用率应用。2000 年，OpenCV 被公之于众。2008 年，OpenCV 主要的开发工作被 Willow Garage 接管。OpenCV 并不像基于 GUI 的视觉包（如 Windows 下的 RoboRealm）那样容易使用。但是，OpenCV 中可用的函数代表了很多最新水平的视觉算法和机器学习方法，比如支持向量机、人工智能神经网络和随机树。

OpenCV 可以在 Linux、Windows、MacOS X 和 Android 上作为一个独立的库运行。要了解完整的介绍和它的特点，请通过 Gary Bradski 和 Kaehler 去学习 OpenCV。可以用网上的在线手册来学习，其中包含若干初级教程。

a. 人脸侦测。OpenCV 使在图片或视频流中侦测人脸变得相对简单。对于机器人视觉感兴趣的人来说，这是一个很受欢迎的功能。

OpenCV 的人脸侦测使用一个带有 Haar-like 特点的 Cascade Classifier。现在，需要理解的就是 OpenCV cascade classifier 可以由定义着不同侦测对象的 XML 初始化。这些文件中的两个将被用来侦测一个正面的人脸，另一个文件将允许侦测到侧面的人脸。这些文件是被机器学习的算法在成百上千的含与不含人脸的图片训练后得到的。这种学习算法可以将人脸的特征提取出来并存放在 XML 文件中（更加额外的 cascade file 还能够被训练于侦测眼睛甚至整个人）。

b. 用 GoodFeaturesToTrack 进行特征点检测。Haar 人脸侦测器在图像中扫描特定的对象。实现这一过程有不同的策略，包括寻找从上一帧到下一帧相对容易跟踪的较小的图像特征。这些特征被称为特征点，特征点往往是在多个方向上亮度变化强的区域，如图 8-17 所示。

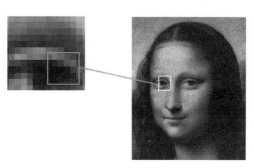

图 8-17 检测样图

图 8-17 中左边的图像放大显示了右边图像的有眼区域像素，左边图像中的矩形框表示这其中的像素在所有方向上的亮度变化最强。如果不考虑尺寸和旋转因素的话，像这样的区域的中心就是该图像的特征点，这是很有可能被再次检测到在面部位置不变的点。

OpenCV 包含了大量的特征点侦测器，包括：goodFeaturesToTrack（）、cornerHarris() 和 SURF()。以使用 goodFeaturesToTrack（）为例，图 8-18 展示 goodFeaturesToTrack()返回的特征点。

如图 8-18 所示，特征点集中在亮度梯度最大的区域。相反，颜色相当均匀的区域很少或没有特征点，该 ROS 节点被称为 good _ features. py。

c. 利用光学流跟踪特征点。现在，在可以检测到图像中的特征点的前提下，通过 OpenCV 中 Lucas-Kanade 的光学流函数 calcOpticalFlowPyrLK()，特征点可以被一帧一帧地跟踪对象使用。Lucas-Kanade 方法的详细解释可以在维基百科上找到，它的基本思想如下。

从当前图像帧和已经提取的特征点开始，每个特征点有一个位置（x 和 y 坐标）和周边图像的像素的领域。在下一图像帧，Lucas-Kanade 法使用最小二乘法来求一个恒速的变换，这个变换将上一图像帧中的选定领域映射到下一图像帧。如果最小二乘误差对于给定的领域不超过某个阈值，则假定它与第一帧中的领域相同，相同特征点将被分配到该位置；否则特征点会被丢弃。请注意，后续的帧将不会提取新的特征点。而calcOpticalFlowPyrLK()只计算原始特征点的位置。以这种方式，函数

图 8-18　特征点返回

可以只提取第一帧中的关键点，然后当对象在镜头前移动的时候，一帧一帧地跟随这些特征点。

③ OpenNI 和骨架追踪。骨架跟踪是最早和最知名的机器人应用深度相机的案例之一。在 ROS openni _ tracker 包（package）可以使用 Kinect 或 Asus Xtion 深度图像数据来跟踪一个站在镜头前的人的关节部位。使用此数据，可以为一个机器人编程让其跟随由人发出的手势命令信号。还可以在 pi _ tracker 包（package）中找到演示使用 ROS 和 Python 做到这一点的例子。

本书不对 OpenNI 做过多的讨论，读者可在 ROS 官网的 openni _ tracker 部分查阅详细资料。

④ PCL Nodelets 和三维点云。三维点云平台（PCL）是一个大型的开源项目，包括许多强大的点云处理算法。它在装备有一个 RGB-D 相机（如 Kinect 或 Xtion Pro）甚至更传统的立体摄像机的机器人上非常有用。Pcl _ ros 包（package）提供了一些 Nodelets 使用 PCL 处理点云。C++ 是 PCL 主要的 API 之一，本书不对 PCL 做过多的讨论，读者可在 PCL 网站学习优秀教程。

本章从服务机器人的需求出发，阐述了一个完善的服务机器人的操作系统所需要的基本条件和关键技术，并在 8.2 节介绍了当前比较成熟的机器人操作系统 ROS，对其基本框架和基本应用进行了介绍。

参考文献

[1]　PATRICK GOEBEL R. ROS By Example [M]. A PI ROBOT PRODUCTION, 2015.

[2]　Aaron Martinez. Learning ROS for Robotics Programming[M]. Packt Publishing Ltd, 2013.

[3]　R. 帕特里克·戈贝尔. ROS 入门实例[M]. J 罗哈斯. 刘柯汕，等译. 广州: 中山大学出版社, 2016.

第9章

发展与展望

尽管服务机器人是机器人大家族中的一个年轻成员，而且当前世界服务机器人市场化程度仍处于起步阶段，但受劳动力不足及老龄化问题凸显等刚性驱动和科技发展促进的影响，服务机器人应用的增长很快，尤其对于中国，增速将会更快。

9.1 发展

目前世界上有 50 个以上的国家在发展机器人，其中有一半以上的国家已涉足服务型机器人开发。在日本、北美和欧洲，迄今已有 7 种类型共计 40 余款服务型机器人进入试验和半商业化应用。在服务机器人领域发展处于前列的国家中，西方国家以美国、德国和法国为代表，亚洲以日本和韩国为代表。我国于 2012 年制定了《服务机器人科技发展"十二五"专项规划》扶持行业发展[1]。

达芬奇机器人的产生预示着第三代外科手术时代的来临，医用机器人作为单位价值最高的专业服务机器人是当前医疗行业的发展热点。在未来的 4 年里，医用机器人将会以每年 19% 左右的速度增长。虽然我国医用机器人普及率低、起步晚，但目前哈尔滨工业大学、博实股份等企业已经开始积极介入。

世界经济增长引擎即将由 IT（information technology）时代进入RT（robotics technology）时代，家庭智能服务机器人将成为智能物联网时代家庭的核心终端。虽然我国的家庭服务机器人技术相对落后，但目前相关企业做到研产结合，已经初成规模，表现良好，空间巨大。军事机器人是 21 世纪各国军事安全重点战略，军用机器人强国包括美、德、英、法、意以及日、韩，这些国家不仅在技术上处于研究的前列，而且其产品已经在军事上有了实际运用；我国与这些强国的技术差距明显，但政策支持强大，相信军事机器人发展前景良好。

服务机器人在世界范围具有巨大的发展潜力，在发达国家的发展更是有着广阔的市场。服务机器人的发展受以下因素驱动。

① 简单劳动力不足。由于发达国家的劳动力价格日趋上涨，人们越来越不愿意从事自己不喜欢干的工作，类似于清洁、看护、保安等工作在发达国家从事的人越来越少。这种简单劳动力的不足使服务机器人有着巨大的市场。

② 经济水平的提高。随着经济水平的上升，人们可支配收入的增加，使得人们能够购买服务机器人来替代简单的重复劳动，获得更多的

空闲时间。

③ 科技的发展。进入互联网时代后，人类的科学技术迅猛发展，得益于计算机和微芯片的发展，智能服务机器人更新换代的速度越来越快，成本下降，能实现的功能越来越多，实现更便捷、更安全、更精确。

④ 老龄化问题。全球人口的老龄化带来大量的问题，社会保障和服务、看护的需求更加紧迫，这易使医疗看护人员不足的矛盾激化，服务机器人作为良好的解决方案有着巨大的发展空间。

在服务机器人领域，处于发展前列的国家中，西方国家以美国、德国和法国为代表，亚洲以日本和韩国为代表。

美国是机器人技术的发源地，美国的机器人技术在国际上一直处于领先地位，其技术全面、先进，适应性十分强，在军用、医疗、家用服务机器人产业都占有绝对的优势，占服务机器人市场约 60% 的份额。

日本是机器人研发、生产和使用大国，一直以来将机器人作为一个战略产业，在发展技术和资金方面一直给予大力支持。

韩国将服务机器人技术列为未来国家发展的十大"发动机"产业，把服务机器人作为国家的一个新的经济增长点进行重点发展，对机器人技术给予了重点扶持。

德国向来以严谨认真称世，其服务机器人的研究和应用方面在世界上处于公认的领先地位。其开发的机器人保姆 Care-O-Bot3 配备有遍布全身的传感器、立体彩色照相机、激光扫描仪和三维立体摄像头，让它既能识别生活用品，也能避免误伤主人；它还具有声控或手势控制，有自我学习能力，还能听懂语音命令，看懂手势命令。

法国不仅在机器人拥有量上居于世界前列，而且在机器人应用水平和应用范围上处于世界先进水平。法国政府一开始就比较重视机器人技术，大力支持服务机器人研究计划，并且建立起一个完整的科学技术体系，特别是把重点放在开展机器人的应用研究上。

智能服务机器人是未来各国经济发展的有力支柱之一，国家不断提高对机器人产业的重视度，我国《国家中长期科学和技术发展规划纲要（2006—2020 年）》把智能服务机器人列为未来 15 年重点发展的前沿技术，并于 2012 年制定了《服务机器人科技发展"十二五"专项规划》支持行业发展。

我国的服务机器人市场从 2005 年前后才开始初具规模，我国在服务机器人领域的研发与日本、美国等国家相比起步较晚，与发达国家绝对差距还比较大，但相对于工业机器人而言则差距较小。因为服务机器人一般都要结合特定市场进行开发，本土企业更容易结合特定的环境和文化进行开发，占据良好的市场定位，从而保持一定的竞争优势；另一方面，外国的服务机器人公司也属于新兴产业，大部分成立的时间还比较短，因而我国的服务机器人产业面临着比较大的机遇和可发展空间。

目前，我国的家用服务机器人主要有吸尘器机器人，教育、娱乐、安保机器人，智能轮椅机器人，智能穿戴机器人，智能玩具机器人等，同时还有一批为服务机器人提供核心控制器、传感器和驱动器功能部件的企业。

随着智能技术的发展，在21世纪的头十年物联网已经开始和互联网一样引人注目。物联网这个名词最初于1999年由美国麻省理工学院提出，即通过信息传感设备把用户端延伸和扩展到任何物品与物品之间，进行信息交换和通信，以实现智能化识别、定位、跟踪、监控和管理的一种网络，被称为继计算机、互联网之后世界信息产业发展的第三次浪潮。物联网技术将会引起现有产业的大洗牌，而智能机器人正是在新一轮发展中极具前景的产业，未来一定是机器人的时代，家庭智能服务机器人就是物联网时代家庭的核心终端。

除了国家层面，在企业层面，服务机器人的开发与研究向研究所、高校延伸，服务机器人的部分关键技术已纷纷进入高校，与此同时，在高校兴起了机器人技术大比拼与机器人关键技术的竞赛，国际上著名的有RoboCup机器人世界杯赛等。

9.2　比赛促进技术提升

为鼓励高校学生积极参与机器人的创新研究，提升服务机器人的技术层面，国际机器人联合会提出了RoboCup赛事，即机器人世界杯赛的设想，并于1997年开始实施，每年在全球范围内举行一次赛事，包括机器人足球赛、机器人救援等。2006年开始设立RoboCup@Home，即家庭服务机器人赛事。图9-1为2006年德国不来梅RoboCup机器人世界杯大赛的RoboCup@Home赛事（首次比赛）的宣传海报。

（1）家庭服务机器人的赛事简介

大众已经非常熟悉扫地机器人、擦玻璃机器人、送餐机器人。市面上量产产品也慢慢走进千家万户，家庭服务机器人大赛的办赛宗旨是：追求更加智能，在开发服务和辅助机器人技术与未来的个人家庭应用的高相关性，用一组基准测试来评估一个现实的非标准化的家居环境设置机器人的能力和表现。比赛侧重点在于但不限于以下领域：人与机器人的互动与合作，导航和测绘在动态环境中，计算机视觉和识别物体的自然光条件下，对象操作，适应行为，行为整合，环境智能，标准化和系统集成；全面展现家居生活类服务机器人的未来！家庭服务机器人是模拟实际家居场景的大型赛事，其实际比赛场地部分赛事见图 9-2～图 9-5。

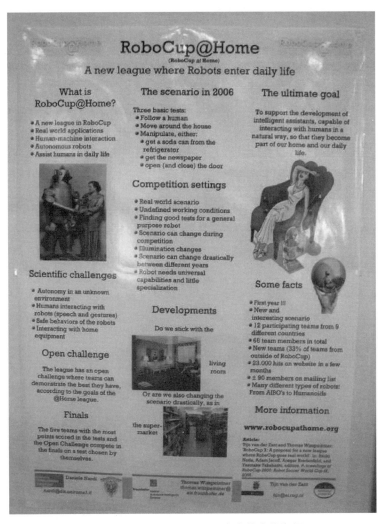

图 9-1　RoboCup@Home 赛事的宣传海报

图 9-2　2008 德国汉诺威比赛场地

图 9-3　2010 日本公开赛比赛场地

图 9-4　2014 合肥公开赛比赛现场

图 9-5　2015 合肥世界杯比赛场地

在服务机器人比赛中会看到机器人在模拟的家庭环境中如何为人类服务。最通俗的说法：这些机器人首先要"认识"主人，然后能"听懂"主人的指令，并完成扫地、倒水等一些简单的工作。比赛规则中常设项目有：Follow（追踪固定人）项目，GPSR、Who is Who 等客观评分项目。还有创新创意、技术挑战赛、DEMO CHALLENGE 等主观类评分项目。

（2）赛事发展

近年来，国内高校在家庭服务机器人领域取得了喜人成绩。2014 年 7 月 19 日～25 日，第 18 届 RoboCup 机器人世界杯比赛在巴西若昂佩索阿举办。由中国科学技术大学自主研发的"可佳"智能服务机器人，首次夺得服务机器人比赛冠军（见图 9-6）。

科技日报于 2014 年 8 月 5 日在第 7 版报道了中国科学技术大学可佳机器人的获奖消息，题目为"机器人世界杯：'可佳'获服务机器人冠军"，见图 9-7[2]。

图 9-6　2014 巴西机器人世界杯：中国科学技术大学可佳机器人

机器人世界杯："可佳"获服务机器人冠军

蒋家平

　　7月25日，在巴西若昂索阿闭幕的第18届RoboCup机器人世界杯比赛赛场上，中国机器人风光无限：在与美、德、日等40多个国家和地区的500多支队伍同场竞技中，中国代表队共获得4项冠军。其中，中国科学技术大学参赛三个项目全部获得冠军，特别是该校自主研发的"可佳"智能服务机器人，以主体技术评测领先第二名3600多分的巨大优势，首次夺得服务机器人比赛冠军，标志着我国智能机器人研发取得了历史性突破。

　　"RoboCup国际联盟1996年成立时的任务是，机器人足球队到2050年能战胜人类的世界杯足球赛冠军队。"中国科大机器人实验室主任陈小平教授介绍说，不过时至今日，这一目标已经拓展，因为人类研发机器人的目的是服务人类、造福人类，而不是战胜人类，因此以服务为宗旨的智能机器人的研发逐渐成为RoboCup机器人世界杯赛中综合性最强、发展势头最猛、竞争最激烈的项目之一，原来参加RoboCup中型组和人形组比赛的国际一流研究型大学近年来纷纷转入智能机器人领域，该项赛事也成为规模最大、系统性最强的国际服务机器人标准测试。

图 9-7　科技日报的报道

　　中国作为 2015 合肥 RoboCup 机器人世界杯东道主，有清华大学、北京信息科技大学、北京理工大学、上海交通大学等高校参加，并有两支队伍进入第二轮。清华大学机器人 Tinker 第一次参加 RoboCup 机器人世界杯赛。机器人世界杯赛的专业级别，算是对 Tinker 及其团队的一次最好的检验。除了国际赛事之外，每年一度的 RoboCup 机器人世界杯中国赛、中国机器人大赛之@Home 项目也吸引着中国科学技术大学、上海交通大学、上海大学、北京信息科技大学、西北师范大学等大约 15 支全国各地的高校参加比赛。为提高比赛竞技水平，每年的 5 月份，组委会举办一次中国服务机器人大赛选拔赛，提供全国各高校交流、学习的平台，制度完善，竞赛规则成熟，与国际赛事规则衔接，目的在于提升国内家庭服务机器人竞赛水平，如图 9-8 所示。

图 9-8　2015 合肥机器人世界杯各参赛队伍服务机器人合影

图 9-9、图 9-10 为国内部分高校自主研发的参赛服务机器人。

图 9-9　2018 中国服务机器人大赛　　　图 9-10　2014 黄山北京信息科技
上海大学自强队自主研发的机器人　　　　大学自主研发的机器人

"取一瓶矿泉水，对于人类来说很简单，直接拿过来就行了，但对机器人就不一样了，必须经过很多步骤。"首先，机器人必须准确领悟人类发出的指令，随后根据指令作出具体行动，还要进行导航，判断出矿泉水的位置、距离，只有等这些步骤全部测算完毕，机器人才能完成这一指令。国内大多数高校研发平台引进 ROS 之后，经过充分交流和学习，也体现出不同层次的水平。欢迎更多的高校参与我们的家庭服务机器人的大家庭，相互学习，相互提高。

中国自动化学会机器人竞赛工作委员会决定自 2011 年开始，每年的 5 月份举办一次"中国服务机器人大赛"，从之前只有家庭服务机器人赛事，发展到目前的家庭服务机器人、医疗服务机器人、助老服务机器人、教育服务机器人、农业服务机器人等的赛事。图 9-11 为 2017 中国服务机器人大赛的海报。图 9-12 为 2018 中国服务机器人大赛开幕式现场。

图 9-11　2017 中国服务机器人
大赛的海报

图 9-12　2018 中国服务机器人大赛
开幕式现场

2018 中国服务机器人大赛的比赛项目设置如下。

一、家庭服务机器人项目（大学组）

1. Follow

2. GPSR

3. GPSRPLUS

4. WhoIsWho

5. Shopping

6. 路径规划

7. 泡茶机器人

8. 寻找物品

9. 智慧城市

10. 智能家居

11. 物品辨识

12. 人的辨识

13. 声源定位与语音识别

14. 指令交互项目仿真

15. 自然语言交互仿真项目

二、医疗服务机器人项目

1. 医疗与服务机器人规定动作项目（大学组、青少年组）

2. 骨科手术机器人项目（大学组、C语言青少年组、任意语言青少年组）

3. 送药机器人（大学组、青少年组、教师组）

4. 巡诊机器人（大学组、青少年组、教师组）

5. 3D打印智能假肢规定动作项目（大学组、青少年组）

6. 医疗与服务机器人创新设计与制作项目（大学组、青少年组、教师组）

7. 企业专项命题：康复机器人创新设计与制作项目（大学组、教师组）

8. 医疗器械装配机器人项目（大学组）

9. 医疗分拣机器人项目（大学组）

10. 现场命题编程调试项目（大学组、青少年组、教师组）

三、助老服务机器人项目

1. 助老环境与安全服务项目（大学组）

2. 助老生活服务项目（大学组）

3. 助老助残创意赛项目（大学组、青少年组）

4. 服务机器人障碍物跨越及躲避项目（青少年组）

5. 老人居室灭火及联动报警项目（青少年组）

四、教育服务机器人项目（青少年组）

1. 智能垃圾分类机器人项目

2. 教育迷宫项目

3. 开天辟地机关王项目

4. 狭路相逢项目

5. 巧夺天工项目

6. 龙争虎斗项目

7. 探索太空项目

8. 趣味机器人项目

9. 机器人接力项目

10. 绿色出行命题创意项目

五、农业服务机器人项目（大学组）

1. 果园喷药机器人项目

2. 采摘机器人项目

9.3 未来展望

2018 年 3 月 21 日，教育部公布的 2017 年度高校本科专业备案和审批结果显示，全国新增备案本科专业 2105 个，新增审批本科专业 206 个，合计新增 2311 个专业。新增专业中，"数据科学与大数据技术""机器人工程"等专业热度最高，全国有 60 余所高校增设"机器人工程"专业。

2018 年 3 月 15 日，腾讯对外公布了其 2018 年在 AI 领域的三大核心战略，其中包括成立机器人实验室"Robotics X"。当然，腾讯并不是唯一一家展开行动的互联网巨头，"三巨头"中的另外两家——百度和阿里，早前已开始对机器人领域进行布局。随着巨头们资本和技术力量的聚集，未来机器人的开发应用将会迎来行业发展的黄金期。

2014 年我国进入机器人元年，自此以后，BAT 等互联网公司纷纷踏足机器人领域。截至目前，BAT 已相继建立与机器人基础科学和技术有关的研发机构。

2016 年，腾讯成立 AI Lab，肩负腾讯在人工智能领域的基础研究及应用探索。目前，腾讯 AI Lab 拥有 70 多位科学家和 300 多位应用工程师，研发成果已应用在微信、QQ 及天天快报等上百个产品。而此次机器人实验室"Robotics X"的诞生，则意味着腾讯要在人工智能领域开辟一块新的战场。

2017 年 10 月，阿里巴巴宣布成立"达摩院"，来进行基础科学和颠覆式技术创新研究。据悉，达摩院将包括亚洲达摩院、美洲达摩院、欧洲达摩院，并在北京、杭州、新加坡、以色列、圣马特奥、贝尔维尤、莫斯科等地设立不同研究方向的实验室。

2018 年 1 月，百度研究院宣布设立"商业智能实验室"和"机器人与自动驾驶实验室"，同时，三位世界级人工智能领域科学家 Kenneth Ward Church、浣军、熊辉也加盟百度研究院。目前，百度研究院拥有超过 2000 名科学家及工程师，并建立起包括 7 位世界级科学家、五大实验室的阵容。

服务机器人的开发研究取得了举世瞩目的成果，未来服务机器人将沿着人与机器人的融合、人工智能技术的全面应用、传感器技术的发展、服务机器人的人性化等方面发展[3]。

（1）人与机器人的融合

美国科学家正在研制的独特机械控制假手臂，可以通过"思维力"进行控制，如图9-13所示。当患者需要借助机械手完成某种动作时，他只要简单地决定想要做什么即可，大脑发出的信号会刺激肌肉，相应的电脉冲会被电极记录，随后信号会转变成控制机械手臂的指令，然后完成各种复杂动作，其中包括抓握住物体。它不仅能恢复患者的动作效能，而且能感受到触觉。据日本媒体报道，新开发的装置由头盔状的传感器及测量记录器构成，如果人设想使用左手的动作，脑波及脑血流的变化便会参照事先存储的数据，使机器人举起左手，该技术今后有可能运用于家务机器人，帮助人们从事端菜、给植物浇水等家务和帮助肢体残疾或瘫痪人士。

图9-13　"思维力"控制假手臂

（2）人工智能技术的全面应用

很多人认为，当人工智能发展到一定阶段之后，在概念、思维方式甚至自我意识与欲望等方面，均会与人类相同或超越，实际上远未达到。

首先，从输入输出的系统概念来说，若输入信息的类型不同，得到的输出特征量很可能是不同的。受限于人类生理上的听觉和视觉限制，如依托的是人类无法看到的紫外线和狗能听到的其他频域声音，则机器给出的特征量输出也可能是不同的，但这也属于智能的另一类表现。

其次，即"本能"的特征。简单地说，本能是自发的、直觉的感受或反应，如开心/不开心等。对人来说，非常简单的本能，如品尝美食、呼呼大睡、跟有魅力的异性聊天等都会获得开心的感受，而计算机想要获得类似的概念及感受则非常困难。再比如，美丽的概念，我们看到美丽的人、美丽的景色、美丽的建筑，都会有一种自发的感觉："哇，好美!"，这些都是人类自发的本能。

本能是大自然赋予生物面向自身生存的变化行为能力，生物通过自身的本能变化来适应大自然，从而求得生命本身的延续。对于人工智能来说，解决其本能模拟的问题是其在理解人类功能路途上的重要一步。

各种机器学习算法的出现推动了人工智能的发展，强化学习、蚁群算法、免疫算法等可以用到服务机器人系统中，使其具有类似人的学习能力，以适应日益复杂的、不确定和非结构化的环境。例如：英国科学家研发出首名"机器人科学家"，这款机器人能独立推理、把理论公式化乃至探索科学知识，堪称人工智能领域一大突破。"机器人科学家"将来可以投身于解开生物学谜题、研发新药、了解宇宙等研究领域。

（3）传感器技术的发展

随着科学技术的迅猛发展以及相关条件的日趋成熟，传感器技术逐渐受到了更多人士的高度重视，当今传感器技术的研究与发展，特别是基于光电通信和生物学原理的新型传感器技术的发展，已成为推动国家乃至世界信息化产业进步的重要标志与动力。

由于传感器具有频率响应、阶跃响应等动态特性以及诸如漂移、重复性、精确度、灵敏度、分辨率、线性度等静态特性，所以外界因素的改变与动荡必然会造成传感器自身特性的不稳定，从而给其实际应用造成较大影响，这就要求我们针对传感器的工作原理和结构，在不同场合对传感器规定相应的基本要求，以最大限度优化其性能参数与指标，如高灵敏度、抗干扰的稳定性、线性、容易调节、高精度、无迟滞性、工作寿命长、可重复性、抗老化、高响应速率、抗环境影响、互换性、低成本、宽测量范围、小尺寸、重量轻和高强度等。

同时，根据对国内外传感器技术的研究现状分析以及对传感器各性能参数的理想化要求，现代传感器技术的发展趋势可以从4个方面分析与概括：一是开发新材料、新工艺和新型传感器；二是实现传感器的多功能、高精度、集成化和智能化；三是实现传感技术硬件系统与元器件的微小型化；四是通过传感器与其他学科的交叉整合，实现无线网络化。

未来机器人传感器技术的发展，除不断改善传感器的精度和可靠性外，对传感信息的高速处理、自适应多传感器融合和完善的静、动态标定测试技术也将成为机器人传感器研究和发展的关键技术。未来机器人传感器研究包括多智能传感器技术、网络传感器技术、虚拟传感器技术和临场感技术。

（4）服务机器人的人性化

技术进步将允许在未来几年克服当前这些技术（开放空间的导航、学习能力和智力行为、多传感器融合和允许对所有不同类型任务进行高效处理的处理器等）的限制，设计和使用功能日益强大的机器人，集成技术将允许超越由于材料、技术等形成的目前限制边缘，日本专家预测，在2013年到2027年之间，智能机器人系统的发展将允许机器人保留和重复使用以前获得的技能和技术，人和机器人的交流将变得更加简单化了。

图 9-14　索菲亚机器人

据有关媒体报道，2017年10月26日，沙特阿拉伯授予美国汉森机器人公司生产的机器人索菲亚（图9-14）公民身份。作为史上首个获得公民身份的机器人，索菲亚当天在沙特说，它希望用人工智能"帮助人类过上更美好的生活"，人类不用害怕机器人，"你们对我好，我也会对你们好"。索菲亚拥有仿生橡胶皮肤，可模拟62种面部表情，其"大脑"采用了人工智能和谷歌语音识别技术，能识别人类面部、理解语言、记住与人类的互动[4]。

参考文献

[1] 王田苗，等.服务机器人技术研究现状与发展趋势.中国科学：信息科学[J].2012(09)：1049-1066.

[2] 蒋家平.机器人世界杯："可佳"获服务机器人冠军.科技日报，2014-8-5.

[3] 嵇鹏程.服务机器人的现状及其发展趋势，常州大学学报：自然科学版，2010(06)：73-78.

[4] 陈万米.神奇的机器人[M].北京：化学工业出版社，2014.

索　引